紫禁城悦读

天子的家具

程子衿◎主编

故宫出版社
The Forbidden City Publishing House

引 言

家具是人们日常居家须臾不离的实用器具。如何看待家具，每个人都会有自己的体会。有人看重其实用性，以功能的实现程度评价优劣；有人更热衷欣赏其形式感，把家具当成艺术品欣赏、把玩。

故宫博物院藏明清宫廷家具达 7000 余件，是中国古典家具绝无仅有的宝库。2012 年至 2014 年，博物院工作人员从库中遴选出 2000 余件富有代表性的明清宫廷家具投入拍摄，工程浩大，历三年时间而终告完成，这是一次明清宫廷家具史无前例的数字化信息整理。故宫博物院以最先进的工具和技术手段投入此次拍摄，其信息量之大，质量之精湛，足以泽被后生，亦使得许多尘封多年的古代家具重见天日。

为帮助读者更好地理解明清两代宫廷家具，我们邀请到相关领域的专家为本书撰稿。叶锦添从一个艺术家的角度，表达了他对家具之美的独到理解。明清宫廷家具精妙在何处？其用色、纹饰又都有着哪些讲究？胡德生与吴美凤两位学者为我们带来各自的答案，给我们以启迪。

第一线的研究人员在拍摄之余对遇到的问题展开探讨，是对研究工作的总结，同时也令爱好古典家具的读者能够第一时间感受到宫廷家具之美。最后，自然是要把这次拍摄的最为精美、华丽、富有特色的家具精选出来，呈现给广大读者，带来一场宫廷家具的视觉盛宴。

目 录

家具美的启示

对于古典家具的第一个印象，是在童年时代，那时候一件家具的椅背比我还高，它的表面蕴含着一个偌大厅堂的幽暗，那些栩栩如生的木雕形象在夜色中闪闪发亮。我喜欢看到木头所发出的那种光泽，看不到工匠的痕迹，只有技法。木的香味浓烈，量感丰盈，使我的身体显得渺小与脆弱。每次把皮肤靠在冰凉的木头上，都会有一种不断深入的吸引。

在接下来的成长中，面对这些习以为常的家具，并没有太多的感觉。这些像过去的幽影一样，成为不断远离的记忆图像。它不属于我们，而是属于一个急于远离的过去，太笨重与深沉，太多学问，太少时代的刺激。

京剧里的一桌一椅，使我重新想起这些家具的种种。它代表想象力的借代，代表某种约定俗成的空间布置。中间一桌，左右两边各有一个椅子，就像中国的“中”字，平衡着阴阳，作为一个家的中轴线，不断延伸下去，延续了整个空间结构、伦理结构，甚至心灵的结构。连绵的厅堂结构，一进、两进、三进，构成了一个家的格局，不断重复与深入，成为一个核心所酝酿出来的无形结构。这种结构联系了一个国家，家成为一个国家大整体的局部。一个单位，坐北向南，是北方建筑的楷模，与大自然互通气息。这个家也因为家具的分布形态，成了家庭里不同的位置布局等级，轻重缓急、合情合理，家具点缀了里面的人生，产生了物态自我的审美。虽然数千年来中国的社会风范在缓慢地演进，但是家的分布，却从来都是规法一宗。与自然磨合，那自然包括了四季寒暑、主客逢迎、节日庆典，无不从法度中建立了它的结构。中国人是一个活在法度中的民族，深入到国家的礼节、闲来的消遣、出入的礼仪、闲情的雅意，无不流淌在这种法度之中，生活在这种伦理的精神世界中，产生了各式各样的家具与器皿，记录了我们的精神状态，审美了我们的情趣，形成了一种中国古典以来以形而上审美的文化风貌。不管在亭台楼阁、名园古寺，都有精辟典雅的命名，亭台之间也有古诗相应，曲水流觞，既得雅趣。

有很多朋友认为，明朝出现了一个奇特丰富的艺术黄金期。不少文人诗客受到了越来越庞大的帝国与萧瑟的政治气氛的影响，产生了众多奇特视觉的作品。艺术家对世界的诠释，也带来更成熟的高度，虽然狂放不如汉唐，但精辟有度的艺术思维，每每更建法度。从宋到元明，国家经历了大城市的变化，家具的座席也慢慢地倾向于现代，四十厘米的高度，成为人类的坐姿与地面的距离。所有家具的生活，受到革命性的改变，人与地面的关系远离，成为了半高的距离，桌子的高度慢慢确立，柜子的高度也不断增加，人在家里转化为站着生活，是因为城市化的影响。这个时候，宋元时期的简朴典雅，慢慢成就了明式家具的转化基础，宋朝家具的简约渐渐改变了高度。进入明式家具前期，在生活与艺术的审美上，继承了前朝开拓了未来，在简朴中见雅致，在省略中见真功。各种木头重新在新的时代中受到挑战，历久性与能否经得住气候的变化，形成了木头价值的区分，越珍贵的木头色泽越漂亮、越历久，能雕出巨细靡遗的细节，进一步把木头本身的气脉融入了文人的精神生活里，体现了中国形而上美学的极致。明式家具与身体相连，与精神相连，呈现出最根本的、文士的精神状态。

这时候，很吸引我的一个观念，就是中国生活历史的改变。

明 黄花梨六方南官帽式椅

长 78 厘米 宽 55 厘米 高 96 厘米 故宫博物院藏

从何时开始，从席地而坐到全面地以立式桌椅为生活的空间学。汉朝时期，桌几乃地之延伸，人生活于无界限的地面，各种延伸的设计，产生了各种式样的小家具的形式与装置，没有一种固定空间内的归纳家具。到了桌子渐渐出现在站式生活空间的时候，人的生活正式远离了地面，桌子成为了另一个房子的观念，那观念来自于“用”，它以一个空间化的范围归纳日常生活的大部分实用运作。在中国，自古以来空间是多功能的，我称之为“间”。间有一个适合于冬暖夏凉、适合于生活的地面，防止下雨时渗水的地台，席地而坐的席，木板地，到了站立生活的地砖，及维持温度与适度空间运作的地毯。这之后，柱子划定了空间的设计、大小比例、空间与空间的衔接、生活空间的高度。再以墙面界定它的功能，实的墙作为永久阻隔，多为外墙，用土砖制成。建筑内的区隔多用隔扇，隔扇可做成窗、门、装饰的框，打开两体空间的布置。而所谓中国的间，本无定式，每一个间都可能由于位置、家具的摆设而展示了它的功能，成为了一种富于变化的空间概念。点点相连，由走廊衔接外部空间，由隔扇连接内部空间。中国人文精神中的一个重要组成部分，就是精气神的合一：所有空间互相通透，互为变化，互相支持，又互分等级，内部与外部随时自然交流，有形的建筑空间与无形的自然作息互通，不断交换能量。木在这里产生了输送，储存能量又活化自然与人为空气互通的可能，中国人无法想象西方人与石头共处，就是那量感产生的压力所至。间是中国对空间感性的直觉，形成无限的场，间在中国形成了一种独特的空间审美，延伸到各种美学领域，传到韩国、日本……

回到明式家具的基础意义上，就是显示了那意韵的延伸。从席地而坐到站立的起居生活，与自然息息相关的传承，是条不断的线。城市化的生活是明式家具的一种审美挑战，组合家具使空间制式化，并非古逸气息所乐道，但明式家具却完成了一个精辟的、不失风韵的现代过渡，也成就了一曲古逸的挽歌。

无形的意与有形的装置，是中国家具发展的一个特别部分。它包含着古代意识之内涵，一个历史悠久的整体精神的意涵，

那精神不是权力与意志的表象，而是造化自然无息交流的传承。这种意识通过信仰使人心有所归，亦是现代化正在急速摧毁的精神伦理结构，在印度或某些国家仍保存着家庭的角色，生活在一个众神共度的时光，现实却体现在大范围的家族人际关系里，到了今天，全世界大部分人因心向往西化的独立自主，使家族分离，家具的面孔也随之改变，而产生了一种自我存在感，与其他在地文化缺乏关联，这反映着人心土地故我认同感的惘然，乃至对物之惘然。

物之显现在人的世界里出现了两类，人为与自然，自然乃存在的镜像，人为乃是潜意识的心象，物以自显的形态出现于眼前，看见的却是心象，没有感应之物使人显孤寂冷漠，心灵熟悉有感之物使人共鸣与温暖。人在创造物的形态时，心象重复着自然的记忆，人无法创造物，只能改其形态，能创造的只有心象物，或称之为发现。

世间里每一件器物都埋藏着一个看不见的主人，他以“缺形”的状态存在于器物中，成为其对象物。在明式家具里，“缺形”所形构的细节深入到人体的经脉，融入了以人为对象物的客体里。人以其世界可触之物施以想像，制造无数的器物，渐渐建立了整套人文文化的物质历史，它们都反映着灵物互动的精神世界，指涉到一个集体的存在——人。每种器物都记录了人的灵魂世界与实质世界在特定时间的记忆，把他们所思所想所需所用，从实质生活层面，到灵魂与世界关系的想象，全都体现在器物的细节中。包括材料、坡度、色泽、图案、形色、大小，与人的整个精神、生理、感官系统的和合，整体皆合乎宇宙逻辑，合乎民族民情的素养。在手工制造的年代里，这些都是时代生存的见证。

为何中国人总是运用不能永久流传的材料，而不像西方运用大理石等作为建材，使建筑能永久保存？在中国，只有城墙、陵墓、建筑底坐会用到石材，中国以木材作为主要制作材料。木成为了化生万物想象的原型，看来也有数千年历史了，不管是建筑、家具、器物、交通、船车都以木为主材。可承载重量，可防水制桶甚至船只，除了功能上的使用，木材还可能雕塑各种生活情趣、信仰之物，审美上成为了中国美学重要的载体。其中安徽东洋木雕为其代表，在文化上起了记录、传承、传播、不断深化审美的作用。中国的各种古树林成为开发这项广大事业的支撑，各地的木种性质不同，年份也有远近。木有木性，南北有别，黄杨木、花梨、紫檀、鸡翅、楠木、红木，不同气候、土地生出不一样的树种。木有生命，制作成家具后还会不断转化，热天膨胀，冬天收缩，北方因为干旱会龟裂，木材抽水定形需要一段不短的时间，木性才会定形，如何保护上好的木材，也成为彰显工匠品位的标准，榫卯工艺来自木性的变化，使其本身不相连的个体随着时间有机地密合在一起。

清　紫檀木描金六角宝座　故宫博物院藏

这里所提到的明式家具简约优雅，线条精细有道，把装饰性减到最少，保留必要的形，内藏人体重量与力度产生的弧线，照顾到身体的每个部分，所呈现的坐姿是文人化终极的道德审美。由于它的简单，每个存在的细节都在产生相互作用，引向中国理想人的原型——公正不奢华，修身也修形体，血脉通顺，神形饱满。形相美在中国文化里极重要，形体与品行同义，修身修心修形体，都在明式家具中显现。

明式家具重单纯，不求装饰的意义，物自性无言而立。故古人善清竹淡雅，近人善寿喜富贵，在社会世俗需求下都显现在各种样式的明式家具中。世间的俗又沾染家具装饰的意象，使艺术打上俗的生活印记。

至于想象力的形幻，乃民族历史之河，传承的意趣在哪儿？如何使生活重新进入传统的世界？感受现代处于活化世界的复杂性，离开博物馆所制造的标本化世界去重新领受，从而使古代留存之物以见证的方式量化历史，那时间的痕迹，那物自性的存在感。

在传承的基础上，明式家具在简约中保存了中国的节奏与精神，可谓无形之用，是学习古韵与现代过渡之门，但更直接、更立体化，从中浮生了一种可共感的纯然生命力之形态，透过时间与空间所传达的讯息，它自成体系又在中国实用主义的固定下定形。明式家具中使我最感兴趣的却是那形的流动形态，那静止凝固在空间中的流动形态。从这里感受远古的线、面、弧度、光泽，是中国看万物之内在形态。那形态因物而生，因象而形，因空而实，具体化地储存了远古中国内在的韵律与虚实相应的磁场。而明式家具中，中空乃形之核心，那无形主人的实在，不断与此物的对话，产生了“侍”的状态，流动如相互的默契，密合于时空之中，虚与实在此交舞，形定性虚，那虚对应了宇宙的母体，曰“大空”。它的空体现在无中，因而没有多余的东西，形神流泄，就像一刹那流过无形的景象，来不及看清其细节，而留下了剪影。

这个体验使我对空间的想象产生了更广阔的视野，物体流形，来自空之母体，它将成就一切，产生世间形相。

至于什么样的形相会留下，什么不会？如果先不去区分那些形式，只单纯地观察，它会形成一种记忆的形式，并不断复制，形式没有一定原由，却不断形成无限的关联。传统的美感来自这种形式之源，熟悉又不断流淌着新意，因看见而感受记忆的终始，曾经从那里来，或是流入回忆的旋转，流淌在每个当下之中的脉动，每个动作之源流。美是幻象的色界，形于土地中生灭，流形无定气于漂流，土之灵自地心与空间之灵之偶合，形聚形散，成历史的痕跡，幻象交合于物界，灵气合一，自在因缘，清心自息，无间流形，虚实对视，神形自出，探问幽幽，息神聚形。（叶锦添）

清式家具的风格

清代的家具在康熙朝以前还保留着明式家具的风格特点，到乾隆朝时，已发生了极大的变化，形成了自己独特的风格。在当时的大中城市中，普遍存在着木作、铜作、铁作、漆作以及纺织、印刷等行业的手工作坊。康、雍、乾三朝经济的繁荣，为清式家具的形成和发展创造了有利条件。

清式家具与明式家具在造型艺术及风格上的差异，首先是清式家具用材厚重，家具的总体尺寸较明式宽大，相应的局部尺寸也随之加大；其次是装饰华丽，表现手法主要是镶嵌、雕刻、彩绘等，给人的感觉是稳重、精致、豪华、艳丽，和明式家具的朴素、大方、优美、舒适形成鲜明的对比。清式家具厚重有余，俊秀不足，给人沉闷笨重之感。但从另一方面看，由于清式家具以富丽、豪华、稳重、威严为准则，为达到其设计目的利用各种手法，采用多种材料以多种形式，巧妙地装饰在家具上，效果也很成功。所以，清式家具仍不失为中国家具艺术中的优秀作品。

精雕大气的广式家具

清式家具的产地主要有广州、苏州、北京三处。每一个地区的风格、特点各异，被称为清式家具的三大名作。其中又以广式家具最为突出，并得到皇家的赏识。明末清初，西方传教士大量来华，传播了一些先进的科学技术，促进了中国经济和文化艺术的繁荣。广州由于它特定的地理位置，成为中国对外贸易和文化交流的重要门户。随着对外贸易的进一步发展，各种手工业也都随之恢复和发展起来。加之广州又是贵重木材的主要产地，南洋各国的优质木材也多由广州进口，制作家具的材料比较充裕，这些得天独厚的有利条件，赋予了广式家具独特的艺术风格。

广式家具的特点之一是用料粗大充裕。以故宫博物院收藏的紫檀框嵌染牙点翠插屏为例，在两侧瓶式立柱上用料粗大充裕的特点最为突出。每个立柱从底座墩木的上平面算起，就高达 63.5 厘米，瓶腹最宽处 19 厘米，厚 6.5 厘米。要用这么大

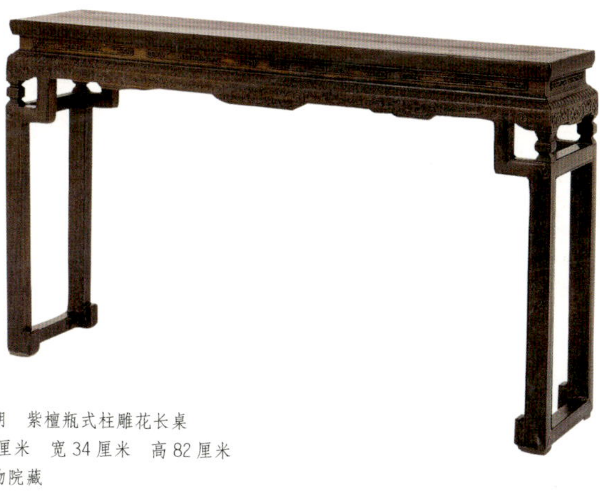

清中后期　紫檀瓶式柱雕花长桌
长 141 厘米　宽 34 厘米　高 82 厘米
故宫博物院藏

清中期 紫檀框嵌染牙点翠水乡风景插屏
长 96 厘米 宽 57 厘米 高 145 厘米 故宫博物院藏

的木料削成细脖、大腹、小底的方瓶形式，自然要挖去许多的木料。再看插屏底座的木墩，长 55.5 厘米，宽 11 厘米，高 15 厘米，下面挖出曲线轮廓，两端留足。用料的大小，关系插屏的稳定与否，因此广式家具的腿足、立柱等主要构件不论弯曲度有多大，一般都不用拼接做法，而习惯用一块木料直接挖成。其他部位也大体如此，广式家具也即因此大都显得比较粗壮。

清中期　紫檀框漆嵌牙菊花纹宝座
长 115 厘米　宽 80 厘米　高 101 厘米　故宫博物院藏

广式家具为讲求木性的一致，大多用一种木料制成。通常所见的广式家具，或紫檀或酸枝，皆为清一色的同一木质，绝不掺杂其他木材。而且广式家具不加漆饰，使木质完全裸露，让人一看便有实实在在、一目了然之感。

广式家具特点之二，是装饰花纹雕刻深峻，刀法圆熟，磨

清中期　紫檀框嵌木灵芝插屏
长 91 厘米　宽 54 厘米　高 101 厘米　故宫博物院藏

工精细。其雕刻风格在一定程度上受西方建筑雕刻的影响，雕刻花纹隆起较高，个别部位近似圆雕。加之磨工精细，花纹表面莹滑如玉，丝毫不露刀凿痕迹。以紫檀雕花柜格为例，柜格正面两门板心都饰以阳刻花纹，四角及正中雕折枝花卉，花朵及枝叶叉芽四出，雕刻较深而极富立体感。所饰西洋巴洛克花

清中期　紫檀嵌桦木西洋花纹柜格
长 108.8 厘米　宽 35 厘米　高 193.7 厘米　故宫博物院藏

纹，翻转回旋，线条流畅。图案间隙留出衬地，在雕刻时，除图案纹饰外，其余则用刀铲平，再经打磨平整。虽有纹脉相隔，但从整个地子看，绝无高低不平的现象。在板面图案纹理复杂、铲刀处处受阻的情况下，能把地子处理得这样平，在当时手工操作的条件下是很不容易的。这种雕刻风格，在广式家具中尤为突出。

广式家具的装饰题材和纹饰，也受西方文化艺术影响。明末清初之际，西方的建筑、雕刻、绘画等技艺逐渐为中国所用，自清雍正至乾隆、嘉庆时期，模仿西式建筑的风气大盛。除广州外，其他地区也有这种现象。如在北京兴建的圆明园，其中就有不少建筑从形式到室内装修无一不是西洋风格。为装饰这些殿堂，清廷每年除从广州定做、采办大批家具外，还从广州挑选优秀工匠到皇宫，为皇家制作与这些建筑风格相协调的中西结合式家具——即以中国传统工艺制成家具后，再用雕刻、镶嵌等工艺手法装饰西洋花纹。这种西式花纹，通常是一种形似牡丹的花纹，亦称“西番莲”。其线条流畅，变化多样，可以根据不同器形而随意伸展枝条。它的特点是多以一朵或几朵花为中心，向四外伸展，且大都上下左右对称。如果装饰在圆形器物上，其枝叶多作循环式，各面纹饰衔接巧妙，很难分辨首尾。

广式家具除装饰西式花纹外，也有相当数量的传统花纹。

如各种形式的海水云龙、海水江崖、云纹、凤纹、夔纹、蝠、磬、缠枝或折枝花卉以及各种花边装饰等，有的广式家具中西两种纹饰兼而有之。也有的广式家具乍看都是中国传统纹饰，但细看起来，或多或少地带有西式痕迹，为我们鉴定其是否为广式家具提供了依据。当然，也不能凭这一点一滴的痕迹就妄下结论，还要从用材、做工、造型、纹饰等方面综合考虑。我们不妨再以故宫藏紫檀柜格为例加以说明：柜的两山雕刻的都是中国传统折枝花卉，正面对开两门，每扇四角各雕一组折枝梅花，中间也以折枝花为饰，但四角与中间花之间的空当中又雕一组西洋巴洛克风格的图案。上部四框饰绳纹，两层膛板下各装抽屉一层，共四只。在抽屉外面又以紫檀薄板雕刻西洋花纹饰边，这种装饰手法在广式家具中是屡见不鲜的。在众多的广式家具中，带有洋式花纹或有西洋痕迹的约占十之六七。

清初，为适应对外贸易的发展，广州的各种官营和私营手工业都相继恢复和发展起来，给家具艺术增添了色彩，形成与明式家具截然不同的艺术风格。这种艺术风格主要表现在雕刻和镶嵌的艺术手法上。镶嵌作品多为插屏、挂屏、屏风、箱子、柜子等，镶嵌原料以象牙、螺钿、木雕、景泰蓝、玻璃油画等为主。

提到镶嵌，多与漆器联系在一起，原因是中国镶嵌艺术多以漆器作地，而广式家具的镶嵌却不见漆，这是其有别于其他地区家具的一个明显特征，传世作品也很多。镶嵌内容多以山

清中期　紫檀框嵌金桂树挂屏
宽 119.4 厘米　高 163 厘米　故宫博物院藏

清中期　紫檀框嵌染牙广州十三行风景插屏
长 83 厘米　宽 40 厘米　高 141 厘米　故宫博物院藏

水风景、树石花卉、鸟兽、神话故事及反映现实生活的风土人情等为题。如前所举紫檀框嵌染牙点翠象牙插屏，屏心以黑色丝绒为衬地，用点翠嵌成山水树石，象牙着色人物，描绘出农家一年一度的灯节情景。人物雕刻细腻，点翠色彩艳丽。

广州还有一种以玻璃油画为装饰材料的家具，也以屏类家具最为常见。玻璃油画就是在玻璃上画的油彩画，于清代初期由欧州传入中国。它首先在广州兴起，并形成专业生产。与一般绘画画法不同，玻璃油画是用油彩直接在玻璃的背面作画，而画面却在正面。其画法是先画近景，后画远景，用远景压近景。尤其是人物的五官，要画的气韵生动，就更不容易了。故宫博物院藏有一件象牙堆嵌而成的广州十三行风景插屏，画面以十三洋行建筑为主体，描绘当时广州通商贸易的繁忙景象。江中商船云集，两岸官府、民居栉比相邻，由近及远的靖海门、越秀山、镇海楼等著名建筑尽收眼底。它以玻璃油画作衬地，屏心顶端的天际部分在玻璃的背面描画乌云。近处江水部分也用玻璃油画作地，背面描画水波纹，以象牙着色雕刻大小船只，直接粘在玻璃上。为防止嵌件脱落和灰尘污染，这类插屏或挂屏都罩在透明玻璃框内。

优雅节俭的苏式家具

苏式家具是指以苏州为中心的长江中下游地区所生产的家具。苏式家具形成较早，举世闻名的明式家具即以苏式家具为主。它以造型优美、线条流畅、用料及结构合理、比例尺寸合度等特点以及朴素、大方的格调博得了世人的赞赏。进入清代，随着社会风气的变化，苏式家具的风格也开始向繁琐和华而不实转变。

清中期　彩绘戗金花卉纹博古格及局部
长 97.5 厘米　宽 51 厘米　高 175.5 厘米
故宫博物院藏

以故宫博物院藏紫檀席心描金扶手椅为例，从外观看，颇为俊秀华丽，但从其用料方面看，却是异常节俭的。先从四条腿说起，四条直腿下端饰回纹马蹄，上部饰小牙头。这在广式家具中通常用一块整料制成，而此椅却不然，四条直腿平面以外的所有装饰全部用小块碎料粘贴，包括回纹马蹄部分所需的

清中期　紫檀描金卍字蝙蝠纹席心扶手椅
长 67 厘米　宽 57 厘米　高 104 厘米
故宫博物院藏

一小块薄板。椅面下的牙条也较窄较薄，座面边框也不宽，中间不用板心而用藤席，节省了不少木料。再看上部靠背和扶手，采用拐子纹装饰，拐角处用格角榫拼接，这种纹饰用不着大料，甚至连拇指大小的小木块都可以派到用场，足见用料之节俭。

苏式家具的大件器物还常采用包镶作法，即用杂木为骨架，外面粘贴硬木薄板。这种包镶做法费力费时，技术要求也较高，好的包镶家具不经仔细观察或移动，很难看出是包镶做法。聪明的工匠通常把拼缝处理在棱角处，使家具表面木质纹理保持完整，既节省了木料，又不破坏家具本身的整体效果。为了节省材料，制作桌子、椅子、凳子等家具时，还常在暗处掺杂其他杂木。这种现象，多表现在器物里面穿带的用料上。现在故宫博物院收藏的大批苏式家具，十之八九都有这种现象。苏式家具里侧大都油饰漆里，目的在于使穿带避免受潮，保持木料不至弯曲，同时也有遮丑的作用。

由此不难看出苏式家具在用料方面和广式家具风格截然不同：苏式家具以俊秀著称，用料较广式家具要小得多。由于硬质木材来之不易，苏作工匠往往惜木如金，在制作每一件家具前，要对每一块木料进行反复观察、衡量、精打细算，尽可能把木质纹理整洁美丽的部位用在表面上。不经过深思熟虑，绝不轻易动手。

苏式家具的镶嵌和雕刻主要表现在箱柜和屏联上。以普通箱柜为例，通常以硬质木材做成骨架，当中起槽镶一块软木板，然后按漆工工序做成素漆面。漆面阴干后，开始装饰：先在漆面上描出画稿，再按图案开式用刀挖槽，将事先按图做好的各种质地的嵌件镶进槽内，用胶粘牢，即为成器。苏式家具中的各种镶嵌大多用小块材料堆嵌，整板大面积雕刻成器的并不多。常见的镶嵌材料大多为各种玉石、各色彩石、象牙、螺钿、各种材质的木雕等，在各种木雕中又以鸡翅木雕居多。

苏式家具的装饰题材多取自历代名人画稿。以松、竹、梅、山石、花鸟、风景以及各种神话故事为主。其次是传统纹饰，如海水云龙、海水江崖、龙戏珠、龙凤呈祥等。折枝花卉亦很普遍，大多借其谐音寓意吉祥。局部装饰花纹多以缠枝莲或缠枝牡丹为主，西洋花纹较为少见。一般情况下，苏式的缠枝莲与广式的西番莲，已成为区别苏式还是广式家具的一个特征。

精巧典雅的京作家具

京作家具一般以清宫造办处所制家具为主。造办处中设有单独的木作，从全国各地招募优秀工匠到皇宫服役。由于广州工匠技艺高超，又在木作中单设一广木作，全部由广州工匠充任，所制家具带有浓厚的广式风格。它与纯粹的广式家具的不同之处在用料方面：优质木材全部从广州运来，一车木料辗转数月才能运到北京，沿途人力物力、花费开销自不必说，皇帝本人也深知这一点。因此造办处在制作一件家具之前，先画样呈览，经皇帝审批后方可制作。在造办处档案中，经常记载皇帝看过图纸后提出修改意见，准做小样，小样制成后再经皇帝审看，皇帝看后觉得某部分用料过大，及时批示将某部分收小些。久而久之，就形成了京作家具较广作家具用料小的特点。在造办处的普通木作中，多由江南地区招募优秀工匠，其做工又趋向苏式。与纯粹的苏式家具不同的是，清宫造办处制作的家具较江南地区用料要大，而且没有“掺假”的现象。

清
黄花梨直背交椅
长 55 厘米
宽 36.5 厘米
高 105.5 厘米
故宫博物院藏

从纹饰上看，京作家具较其他地区又独具风格。它从皇家收藏的古代玉器、铜器上吸取素材，巧妙地装饰在家具上。清代京作家具的装饰在明代的基础上发展得更加广泛：明代仅限于装饰翘头案的牙板和两腿间的镶板，清代则在桌案、椅凳、箱柜上普遍使用；明代多雕刻螭虎龙（北京匠师多称其为拐子龙或草龙），而清代则是夔龙纹最为常见，其他还包括夔凤纹、拐子纹、螭纹、虬纹、蟠纹、饕餮纹、兽面纹、雷纹、蝉纹、勾卷云纹等，根据家具造型的不同而施以各种不同形态的纹饰，显示出各式古香、文静、典雅的艺术形象。（胡德生）

清早期
紫檀平头案
长 90 厘米
宽 36 厘米
高 82.5 厘米
故宫博物院藏

明代宫廷家具的
纹饰与用色

盛著是元明之际的画家，明太祖开国后供奉内府。明人徐沁的《明画录》记道:“盛著……画天界寺影壁，以水母乘龙背，不称旨，弃市。”“弃市”就是处斩后暴尸于市。象征皇帝的龙，岂可任“水母”骑乘？朱元璋对如此“不称旨”的画家毫不手软地处以极刑，足证其对“龙”的专擅之心。事实上，元朝统治者以外族入主中原，到元末才限“五爪二角”官民禁用，就是长了二只角、带五爪的龙为皇室专用，四爪以下无角的龙还是开放的。元末朱元璋力战群雄之际已将龙凤纹饰视为禁脔，元至正二十五年（1365 年），镇守江西的朱文正因“骄淫暴横，夺民妇女，所用床榻僭以龙凤为饰”而免官。若朱文正不是朱元璋亲侄，可能就难逃一死。同样在元末即随朱元璋出生入死、屡建奇功的大将廖永忠,开国后以功封德庆侯,洪武八年（1375 年）因“坐僭用龙凤诸不法事，赐死”。中国历代皇帝将龙据为己有，禁止官民沾染或不敬等事，见诸文字大概始自宋徽宗赵佶。

宋徽宗将龙纹据为己有

中国的龙纹由来已久，但是形象一直未定，上古以降，有些呈现人首蛇身龙颜，有些是与异兽相类的兽形龙，或龙首鱼身的鱼龙变幻，称为“摩羯”。迄今所见最早将龙形整合，对龙作具体形象描述的是北宋贵族郭若虚，其在《图画见闻志》

中称："画龙者折出三停，自首至膊，膊至腰，腰至尾也。分成九似，角似鹿，头似驼，眼似鬼，项似蛇，腹似蜃，鳞似鱼，爪似鹰，掌似虎，耳似牛也。"此"三停九似"之说使龙的形象渐趋于一尊。宋徽宗在政和元年（1111 年）下诏："诸服用以龙或销金为饰……及以纯锦徧绣为帐幕者，徙二年，工匠加二等，许人告捕，虽非自用，与人造作，同严行禁之。"意即以龙为饰者，使用者与制造者同罪。事实上，最早动念以龙为皇帝禁脔的是其高祖宋仁宗。仁宗在位期间曾诏定天下官民士庶的屋宇器服、朝廷命妇的首饰等，都不得有"奇巧飞动如龙形者"。尽管如此，终宋一代龙爪之数并未受到特别重视，也未制定御用龙爪该当何数，如今所见宋室器用有龙爪三或四者。

元人入主中原，泰定三年（1326 年）虽曾"申禁民间金龙文织币"，也未明定皇帝的龙纹爪数为何。一直到至元二年（1336 年），元顺帝才禁用五爪龙。此时各地旱灾、蝗害、瘟役等接踵而至，天下大乱，群雄并起，朱元璋自立为"吴王"，不久即开创大明王朝。

明太祖禁官民人等用"龙凤并朱漆金饰"

明太祖开国后，"概括承受"宋元两代将龙作为皇帝的禁脔，也将五爪龙视为皇帝分身，任何官民人等擅用就是僭越，自古以来象征天子的龙纹具体形象及位阶至此底定。朱元璋为了进一步明尊卑、别贵贱，把不同的飞禽走兽放在文武官员的公服上，定其等级，官民禁用之色也增加许多。洪武二十四年（1391年）规定："官吏衣服，帐幔，不许用玄、黄、紫三色，并织绣龙凤纹，违者罪及染造之人。"此令也扩及日常起居之器用："官民人等所用床榻不许雕刻龙凤并朱漆金饰。"不久又颁布细目："木器不许用朱红及抹金、描金，雕琢龙凤纹……百官，床面、屏风、槅子，杂色漆饰，不许雕刻龙纹，并金饰朱漆……"至于方外尼僧所栖的寺观庵院，在洪武六年（1373年）就下诏："凡各处僧道寺观金彩妆饰神佛龙凤等像，除旧有外，不许再造。"唯一的例外是供奉神祇的"殿宇、梁栋、门窗、神座、案桌许用红色"，神明可用，修行的僧尼则不许。朱红为明代国色，早在洪武三年就由礼部颁布："今国家承元之后，取法周、汉、唐、宋，服色所尚，于赤为宜。"也就是开国后第三年即将红色"收归国有"。

近百年后的明英宗，在天顺二年（1458年）又将官民禁讳项目及用色扩增："官民衣服不得用蟒龙、飞鱼、斗牛、大鹏、像生狮子、四宝相花、大西番莲、大云花样，并玄、黄、紫，及玄色、黑、绿、柳黄、姜黄、明黄诸色。"凡貌似龙形或形象威猛的动物，庄严富贵的花纹，以及黑、绿、黄色系列等，都在禁制之列。万历十五年（1587年）内阁首辅申时行等奉敕重修《大明会典》时，总结开国以来的定制，清楚地写道："国初着令，凡官民服色、冠带、房舍、鞍马，贵贱各有等第。……凡服色、器皿房屋等项，并不许雕刻、刺绣古帝王后妃、圣贤人物故事，及日、月、龙、凤、狮子、麒麟、犀象等形，所以辨上下、定民志，至今遵守，不敢违越。"反过来说，官民所禁的诸色、纹饰，就是皇室专用，也就是明代宫廷器用之纹饰与用色。

用绿——让人"耳目一新"的明成祖宝座

明英宗将绿色纳入官民禁用之色，所见《明英宗坐像》中的宝座几近墨绿，终明一代的皇帝朝服坐像亦多遵循，仅深浅略异。

明代开国皇帝朱元璋有诸多"疑像"与一幅"真容"，所见坐具有朱红、黑漆、金色等，检视宋代帝后坐像所坐非朱即金，故而明太祖大抵因循宋制。真正令人"耳目一新"的是《明成祖朝服坐像》的宝座——通体髹绿，搭脑与扶手出头的雕饰是以髹绿为底再饰以金的张口龙首，五色缤纷的流苏自龙口悬垂而下，整器迥异于开国的明太祖。也就是说，以"靖难之役"登上帝位的明成祖才是宝座用绿的滥觞。然则，其宝座用绿却是因何而来？

明太祖在开国初年接触藏传佛教，对西藏地区实行"广行招谕"与"多封众建"的政策，旨在确保中央与地方的领属关

近现代　杨令茀重摹明成祖像　故宫博物院藏

系。成祖即位，不但“崇其教”，还直接召请藏僧来京，讨法问要，接受灌顶，还用藏僧举办法事。国都北迁后，《酌中志》记载其更在宫中设立番经厂：“供西番佛像，皆陈设近侍司其香火。”西藏布达拉宫收有一幅几乎相同的《明成祖坐像》，右上方有竖行楷书题识“大明永乐二年四十五岁三月初一日记”。永乐二年（1404年）为其入主南京的第二年，可见其荣登大宝之前即与西藏往来密切。永乐年间内府刊刻的佛教经籍至今仍留存不少，如梵夹本《圣妙吉祥真实名经》、《妙法莲华经》，袖珍梵夹本《大悲观自在菩萨总持经咒》、《仁王护国般若经陀罗尼》等，所镌图像精巧细密，成祖往往亲为之赞序，俱见其崇佛之诚。

藏传佛教有源自密宗金刚界思想的五佛，又称五方佛，东西南北中五方各有一佛主持，又称“五方如来”、“五智如来”。中央为毗卢遮那佛，或称“大日如来”，象征五智中的“法界体性悟”。毗卢遮那佛又化育另外四智，即象征“大圆镜智”的东方阿閦佛，象征“妙观察智”的西方阿弥陀佛，象征“平等性智”的南方宝生佛，以及象征“成所作智”的北方不空成就佛。五佛各有身色，中央释迦牟尼佛为白，东方阿閦佛为青（蓝），西方阿弥陀佛为红，南方宝生佛为黄，北方不空成就佛为绿，历来佛身造像大都以此为依归。北方不空成就佛梵文本意是“必然获得成就者”，多化现宝绿色，净土名号“胜业净土”，代表一切成就，只要不空成就佛的加持，就能够自利利他，远离烦恼。成祖二十一岁就藩燕地，屏藩大明帝国之北疆，屡至漠北驱赶蒙古人，其不世之功发轫于北方，对身尽北方界的不空成就佛是否有特殊的情感，成为其宝座用绿的依归？不空成就佛造像左手执衣两角或横卧至腹前托钵，右手举至胸，掌面向外施无畏印，为救度有情众生与成就佛法的功德。成祖坐像中一手扶带，一手抚膝，虽和不空成就佛不同，但也是历代帝王坐像中的独创，是否意欲追随神佛，造福大明帝国的子民？

明代宫廷器用与儒道释文化的关系

此外，明成祖宝座外表绚目灿烂、五色缤纷，揉合了边陲之地密教喧哗繁复的美学特征。其异域风尚，若再近一点来看，与成画于盛德四年（1180 年，大理段智兴时期，南宋孝宗淳熙七年）的张胜温绘《大理国梵像图》卷中诸菩萨、观音之装饰非常接近。与山西右玉县杀虎口元明时期宝宁寺水陆画雷同，法像在妙相庄严之余，上方的宝盖幡幢飘扬、繁复的璎珞悬垂而下，足下所踩的须弥座可见张口的龙首悬垂彩结流苏。不过，神佛足下的龙首为配属角色。

儒释文化与龙纹

佛教纹饰最早于东汉时期即已成为器用装饰，但当时对佛教义理尚不明白，纯系装饰。到七八世纪的唐代，佛教纹饰已成为众生祈福庇护的象征，如法门寺地宫出土的八重银棱檀香木盝顶宝函，外观刻有阿弥陀佛极乐世界、释迦牟尼说法、礼佛图、如来说法图、六臂观音，及手持法器的四大天王。盝顶刻饰一升一降鎏金双龙戏珠，如同宝函的护持。由此可知，唐代的器用纹饰中，龙与神佛并存，但居于随扈的地位。

元明时期　山西右玉县宝宁寺水陆画（局部）
贺朝善摄

中国传统木构建筑与儒释道文化有深厚的渊源，作为建筑“肚肠”的小木作器用与家具，多少也有儒释道文化的影子。儒家讲求天圆地方、中庸和谐，建筑群组多具中轴线，线上最高点即为群组中的至尊，并以此为中心，左右对称地向两翼逐次而降，以明五伦之序。成祖宝座扶手与搭脑为主要构件，两边的扶手循序而上至搭脑，形制方整端凝厚重，亦反映儒家文化的四平八稳。而宝座上的成祖，端坐其间，为中轴线上的最高点，大明皇帝是否等同神佛，或与龙合体为真龙天子？

故宫博物院现藏有一只宣德款青花蓝查文出戟大盖罐，肩部突出八戟扳手，器身满书蓝查文，蓝查文也称梵文。所书意为“清净”、“寂静”、“不生不灭”、“无所不在”等，是皇室法会的重器，如藏传佛教中的法轮，故俗称“法轮罐”。由此可知宣德时期受密教的影响。故宫博物院还有一只明代的梵文缠枝莲纹长方形填漆盒，内设二花屉，被后来的乾隆皇帝拿来收置其《御制题砚诗》二册，盖面花心饰梵文阿弥陀如来种子字，有长寿之意。目前所知还有收藏于日本的明代描漆番莲纹圆盒，小巧的器身上满饰缠枝莲花纹，中心如十二道光芒般围绕着此梵文。有时也见梵文六字真言捧护其中,或押于真言之后。不过，无可否认，不管是儒家、释家或密教，似乎都不及道家纹饰来得普及与深入。

明宣德　青花梵文出戟盖罐
口径 19.7 厘米　足径 24.7 厘米　高 28.7 厘米　故宫博物院藏

嘉靖时期道家的吉祥象卦与龙纹

战国时期曾侯乙墓出土大批文物，其漆匫（衣箱），黑底朱饰，拱形箱盖上有一个粗笔“斗”字，左青龙，右白虎，间饰 28 个隶字星宿名称，应是最早以道家思想作为纹饰的器用。

明嘉靖时期可能是整个明代最具道家色彩的时候。明世宗登基后不久就开始斋醮活动，热衷道家的长生之道，前后封自己为“灵霄上清统雷元阳妙一飞元真君”、“太上大罗天仙紫极长生圣智昭灵统元证应玉虚总掌五雷大真人元都境万寿帝君”等，俨然视己身为道教诸神之列。其器用纹饰旨在寓意长生，除传统的灵芝、仙鹤、桃实外，也常见以“寿”字为主，环绕以道家的八宝吉祥（三火珠、双羊角、双画卷、法螺、方胜、钱币、单火珠、珊瑚），边饰游龙，如剔红寿字八角盘等。其中寓意三宝的单火珠、三火珠衍化自密教，而密教的法螺则直接从道家“借用”。对嘉靖皇帝来讲，若撷取或直接借用西藏番僧的吉祥宝物，会有助于得道成仙，达到长生不老之妙境，则佛道双修或释道并行应亦无妨。

嘉靖时期也见易经八卦直接嵌入器用装饰上，如一只剔彩圆盘，龙头上方有一个盘缠的“寿”字，左右为乾、坤两卦，寓意乾坤捧寿。另一具龙凤纹银锭形雕填漆盒，银锭形盖面为山海、龙凤纹与篆书万字，盖壁口沿饰有乾坤八卦的兑、坤、离、巽等。另一只雕漆圆盘，地景为江崖海水云朵，主纹饰为一尊雄伟的升龙，曲膝半跪，像大力士般的双爪高举一个斗大的“圣”字，“圣”字两旁分置小字“辅”、“弼”，盘沿四尊游龙间各嵌入“乾”、“坤”、“如”、“意”。外沿同样雕以四龙，间饰为“福”、“禄”、“长”、“春”，整器的图案编排与

明嘉靖 松鹤纹斑纹雕填漆盘
口直径 31.4 厘米 高 4.4 厘米
故宫博物院藏

战国 漆匱
长 71 厘米 宽 47 厘米 高 40.5 厘米
曾侯乙墓出土

明嘉靖 龙凤纹银锭形雕填漆盒
长 25.2 厘米 高 11.7 厘米
故宫博物院藏

明嘉靖 雕漆圆盘
直径 36.8 厘米
私人收藏

布置旨在突显“圣”字。半跪的蛟龙与左右“辅弼”的宰相，及地景的江崖海水，共同护持这位圣上皇帝。天子似与真龙脱钩，身份与地位已凌驾其上。

佛门镇摄四方的“卍”字最终成为地景之一

象征佛门的卍字也早已产生变化。卍英文为swastika，原为梵文srivatsa，意为“吉祥海云相”、“吉祥之所集”，象征太阳或火，用为镇摄四方、驱魔避邪，是佛教的标志或护符，也是信众尊崇的符号。明成祖的爱孙明宣宗朝服坐像的宝座显系承自成祖，但宣宗另一幅坐像上的坐具，椅盘坐面满缀卍字纹，明宣宗

明 梵文缠枝莲纹长方形填漆盒
盒口长25.5厘米 宽115.6厘米 高9.6厘米 故宫博物院藏

直接坐于其上，应非偶然，也非比寻常。是否“宾主易位”，神佛的符号沦为其装饰之一，人间皇帝的地位已凌驾于神佛之上？如此一消一长之间，到了万历时期所见家具上的卍字纹，已散落在器用边框或转角僻处，或微小细密的地景，在繁华似锦的装饰元素中并不醒目，也容易被忽视，不管是镇摄或庇护的象征已全然式微。

明代宫廷器用中龙纹、凤纹、龙凤呈祥与阿拉伯文纹饰

明代龙纹特征

当然，自明太祖开国定制以来，龙纹一路锣鼓喧天，仍然是明代宫廷家具的主要纹饰。前述嘉靖皇帝虽勤修仙道，器用中到处可见道家纹饰，但这并不表示嘉靖皇帝对龙纹有丝毫轻忽，不仅如此，还严加防范象征天子的龙纹是否被僭用。《明史》记载，嘉靖十六年（1537 年）：“群臣朝于驻跸所，兵部尚书张瓒服蟒，帝怒，谕阁臣曰：‘尚书二品，何自服蟒？’言对曰：‘瓒所服，乃钦赐飞鱼服，鲜明类蟒耳。’帝曰：‘飞鱼何组两角，其严禁之。’”于是礼部又再一次颁诏：“文武官不许擅用蟒衣，飞鱼、斗牛违禁华异服色。”从嘉靖与群臣的对话中，知道张瓒所穿的是皇帝钦赐的飞鱼服，但却长了两角。以现代人的认知，就算鱼长了两角，仍与蟒差距甚大，不会有“鲜明类蟒

耳”的状况产生。至于蟒服，原是永乐年间，成祖左右宦官的燕闲之服："宦官在帝左右，必蟒服，制如曳撒，绣蟒于左右，系以鸾带，此燕闲之服也。次则飞鱼，惟入侍用之。贵而用事者，赐蟒，文武一品所不易得也。单蟒面皆斜向，坐蟒则面正向，尤贵。”可知蟒面的正向和斜向也尊卑有别。最贵重的坐蟒，据刘若愚的《酌中志》记载，也是由宫中太监首先拥有的："凡司礼监掌印、秉笔及乾清宫管事之耆旧有劳者，皆得赐坐蟒补。”“坐蟒补”就是公服胸前贴的补子以坐蟒为饰。至于外廷阁臣受赐蟒服,则始自弘治年间的礼部尚书刘健。刘健因《大明会典》修成，与李东阳、谢迁同受赐蟒衣，这也是阁臣赐蟒之始。至于蟒、龙之别，弘治元年（1488年）都御史边镛的说法是："夫蟒无角、无足。”无角、无足，看起来应系一尾大蛇,与鱼或龙之形象相去甚远,张瓒受赐的飞鱼服,不但长了角,看起来又像蟒，无怪乎嘉靖皇帝大怒。想来对龙纹情有独钟的不只皇帝，明代宫廷内皇帝身边的重臣似也时生觊觎，也因此官员补服上的蟒或飞鱼都有可能长得像龙，或者游走龙形的边缘，此混淆现象不啻为明代龙纹的特征之一。

就现有的资料所见，明代正版龙纹大体上身形饱满匀称，凝重威严，以目前山西大同华严寺对街不远的九龙壁为例，除其头、身、腿、爪比例协调外，角、发、眉、须、鳍、甲、鳞、肘毛、齿、爪等都完整齐备，勾划匀密。此九龙壁为明太祖第

明　戗金细钩填漆龙纹箱（局部）
长 95 厘米　宽 63 厘米　高 42 厘米　故宫博物院藏

十三子代王朱桂镇戍山西大同时，原藩王府前的照壁，因近年都市重划，形成与王府隔街遥望，但仍为明初龙纹形象的代表。明代家具器用上的龙纹还有一项特点，就是传统的吉祥象征或前述的八宝纹饰等，有时会化入龙体，例如如意云头纹化成龙纹的鼻头，不论正龙或游龙，鼻头永远朝正前方，不会随龙头之转向而偏侧一方。又如皇帝御用的五爪龙，其爪端常作同方向转动状，以示法轮常转，此亦造成明代晚期御用龙的五爪如血脉偾张般强劲有力。此外，龙发的表现亦略有时代之分，早期的龙发多呈整束由后向前劲飙，中期略分出小绺，较为稀疏地向上纷飞或抖动，晚期增为二或三绺，外型饱满，自后向前倒飘，如柜盖贴有满语文字的万历款黑漆描金云龙纹箱式柜，柜内之屉面云龙。唯此分期仅为概括性参考，并无绝对性。

后妃专用的凤纹

与龙纹相对应的是凤纹，装饰凤纹的器用多为后妃专用，可谓“后宫至尊”。凤是自上古以来传说中出于东方君子之国的神鸟，见之则天下大安，故与龙一样被视为吉祥的象征。上古时期认为凤的外形是“鸿前麟后，蛇颈鱼尾，鹳颡鸳思，龙文龟背，燕颔鸡喙，五色备举”。意即凤鸟有龙纹龟背，蛇颈鱼尾，似燕鸟的下颔，如鸡般的啄喙，像鹤一样的前额，类如鸳的腮部。较之前述北宋郭若虚对龙“三停九似”的形象描述还要早数千年。因为凤鸟的形象早定，所以唐代的凤纹与明初永乐时期的

唐　石刻凤纹
陕西乾县出土

一只剔红茶托上之凤纹即相当接近。文献上所见，明代宫廷器用饰有凤纹的大皆为正式仪典所用，如皇后卤簿之车辂，主要纹饰即为凤纹，车内的五山屏风是“戗金鸾凤云纹”，其坐椅靠背“雕木线金，五彩装凤”，二尺高的车辂顶上“抹金铜立凤顶，带仰莲覆座”，车辕亦为“抹金铜凤头、凤尾，凤翎叶片装钉”。皇妃的“凤轿”与皇后车辂有别，轿顶上“抹金铜珠顶，四角抹金铜飞凤”，髹红的轿杆“饰以抹金铜凤头、凤尾”。

龙纹、凤纹合为龙凤呈祥

凤纹与龙纹的组合称龙凤呈祥，现存嘉靖时期的漆作中有不少龙凤呈祥纹饰的作品。如故宫博物院所藏的龙凤纹菊瓣形雕填漆盘或方胜形雕填漆盒。前者以菊瓣饰边，盘内外髹褐色漆为地，盘心填彩漆龙凤纹，中间开光内篆书“寿”字，所有纹饰皆细钩戗金。后者作方胜形，通体髹紫色地，并以红、绿、黄、黑四色填充各式吉祥纹饰，盖面雕填云龙云凤。目前所存装饰龙凤纹的明代家具，最为人知的就是故宫博物院收藏的黄花梨五屏式龙凤纹梳妆台。整器如建筑般设四围及望柱，还有五屏风，俱以镂雕缠枝莲为地，再饰蜿蜒的龙纹，屏风中扇的圆形开光内雕一升龙、一降凤，成龙凤呈祥。若为明代后宫嫔妃所用，则此件虽雕饰龙凤，但未如传统宫廷家具以色漆标识身份，有可能系明代晚期作品。

至于明代定制官民人等俱不许用的古帝王后妃、圣贤人物

明　黄花梨五屏式龙凤纹梳妆台

长 49.5 厘米　宽 35 厘米　高 77 厘米　故宫博物院藏

明嘉靖　龙凤纹方胜形雕填漆盒
长 28.5 厘米　宽 15.3 厘米　高 11 厘米
故宫博物院藏

明嘉靖　龙凤纹菊瓣形雕填漆盘
口径 25.6 厘米　高 4.6 厘米　故宫博物院藏

故事等,有时也出现于宫廷家具或器用中。而宝相花、大西番莲、大云花样等各式花卉纹饰则与后期的卍字一样，大抵散落于框架、边角，如众星拱月般捧护着主要纹饰，或满地开花似的作为地景。

明代器用上的阿拉伯文纹饰

有明一代宫廷器用纹饰也不能忽略瓷器上的阿拉伯文纹饰，以明武宗正德年间最为普遍。目前台北故宫博物院有阿拉伯文纹饰的瓷器十余件，其中盘九件，小罐、尊及花插各一件，用色有蓝、红，构图包括圆形、同心圆、菱形、菱花边形等，文意以“真主的恩典”最多，底款有阿拉伯文或汉字书写“大明正德年制”。有学者研究，明武宗可能是伊斯兰教信徒。据晚明文人记，正德十年（1515 年）二月 :“时上好异，习胡语，自名忽必烈;习回回食,自名沙吉敖烂。”亦可为证。“沙吉敖烂”中的“沙吉”有“教长”、“老人”、“学者”之意，在伊斯兰教中为“长老”,“敖烂”意为“宇宙”、“世界”。若这位自名“世界的教长”或“宇宙的长老”系为明武宗的话,则与他自敕“总督军务威武大将军总兵官朱寿”，并自封“镇国公”，亲率六军肃清边境，南讨宁王宸濠之乱等事殊途同归而相互辉映。台北故宫博物院所藏理应不是当年正德时期所造的全部。而从 15 世纪开始，伊斯兰教的穆斯林将其真主阿拉的若干真言嵌饰在圣地麦加的天房大门上来看，推测正德时期其他器用或家具上可能也会有应时应景的器作，当时宫中若出现雕饰有阿拉伯文纹饰的大门、盒、箱、坐墩、椅凳或几桌，应该也不会太令人意外或惊讶。果真如此，明代宫廷家具所蕴含的儒释道文化之外，又可增添一页伊斯兰教文化。（吴美凤）

明正德　正德款青花阿拉伯文碗
口径 28.1 厘米　底径 11 厘米　高 12.3 厘米
故宫博物院藏

拭尘所见

家具拍摄中的一些新认识

古家具耐琢磨，每看一次就有一些收获。故宫博物院藏有一批家具，虽早已为大家熟知，但是重新搬将出来，拭去尘埃，仔细审视，就又会多一些认识。

楠木镶瓷螭纹圆凳

凳以楠木制成，镶青花瓷板一块。瓷板正面的团花螭纹大小恰好，白边如璧，十分雅气。座面黄、白、青三色映衬，暖色楠木与冷色青花瓷形成对比，白色使这种对比不突兀，色彩搭配合理。

凳面边抹采用素混面做法，与整体造型的质朴风格相合，束腰光素，鼓腿膨牙，弧度自然，牙板做成壸门状，往两端翻出尖角。凳的束腰与座面边框一木连做，这种做法罕见，目前还没有看到其他的实例。一体的束腰和座面边框以楔钉榫方式攒成，这本是圈椅椅圈的常用榫卯方式，在圆凳、桌面攒框时很少见到。这些异于常规的做法是为了结构更加牢固，可稳固地镶嵌瓷板。

瓷板应是配合圆凳特意烧制的，是典型的康熙时期青花瓷制品，推测凳当也为同时期制作。瓷板中空，上下同径，有近5厘米厚。其底部亦为青花螭纹，与面上无二致。推测原因是当时瓷板烧制不易，而两面绘制不会花费太多的成本，烧成后可以择最佳的一面朝上，同时底部的花纹也起到一定的装饰作

清康熙　楠木镶瓷螭纹圆凳
面径 41.2 厘米　高 49 厘米　故宫博物院藏

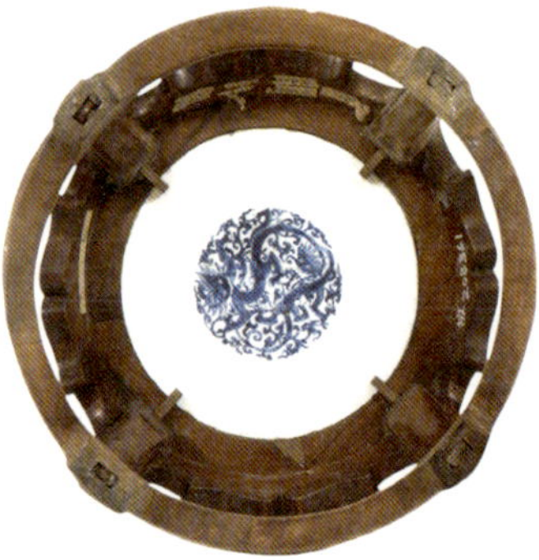

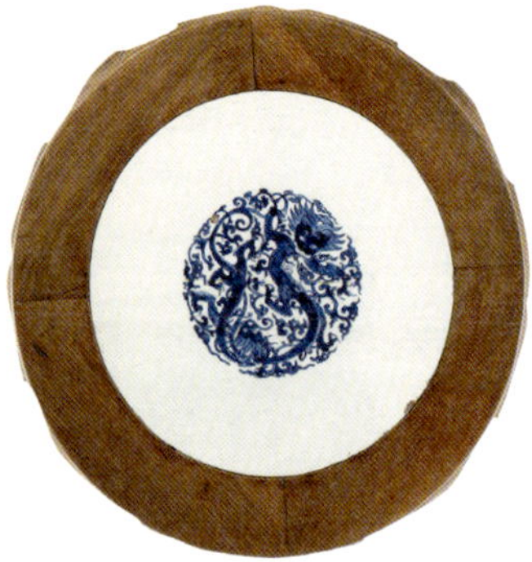

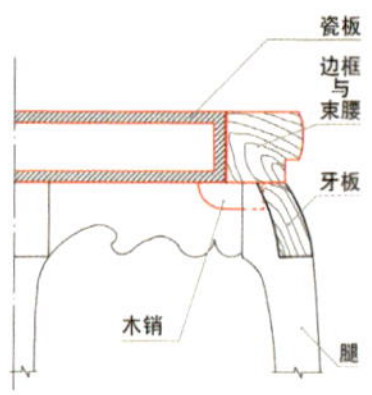

圆凳结构示意图
左图为楠木镶瓷螭纹圆凳结构示意图，红色标注为其不同常规处
右图为普通圆凳结构示意图

用。底部装饰虽略有添足之嫌，但在宫廷家具中并不少见，诸如一些桌案的底面漆地上会有洒金装饰甚至描金图案，一些座椅或宝座的底面又绷一层藤席。这些做法体现的是精工细作、面面俱到的制作理念。瓷板的底面与束腰的下沿平齐，直接在

四个腿足上安装半月牙形木销以托住瓷板。

腿足以插肩榫方式与托泥结合，托泥也以楔钉榫攒为圆形，为五攒，比较随意。规矩的做法应是四攒，可以和面框、腿足呼应。

这种圆凳，故宫博物院与颐和园各藏有四件。颐和园所藏者木质表面染为黑色，具沉穆之气，与瓷板对比呼应，另有一番意趣。观察颐和园所藏圆凳，可以发现其瓷板底面有托带一根，固定在对称的腿足上，另外两腿足上尚余榫眼。一种可能是此处原设有十字托带，遗失后进行了修补。这种做法比故宫博物院藏圆凳以半月牙形木销托住的做法要牢实，缺点是托带

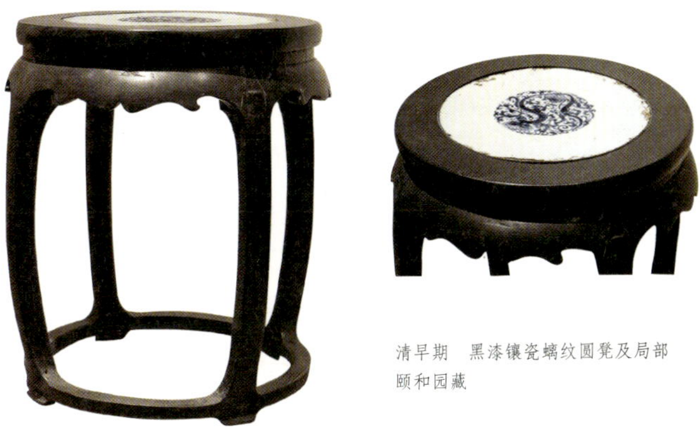

清早期　黑漆镶瓷螭纹圆凳及局部
颐和园藏

遮挡了底面纹饰，不若加木销的做法美观。另一种可能是原先即设有四个木销，遗失后以一根托带代之。从故宫博物院所藏四件圆凳均为半月牙形木销看，后一种情况的可能性大一些。

故宫博物院尚有一件清康熙黑漆镶瓷板山水图罗汉床，围子上镶嵌与之同厚度的瓷板，两面皆绘青花图案。瓷板的做法及镶嵌手法与此凳相同。

红漆彩绘戗金花卉螭纹梅花形坐墩

坐墩以楠木为胎，外髹橘红色漆，彩绘戗金纹饰，内髹红漆。座面独板不攒心，梅花形。面上以戗金回纹为边，暗锦地上饰花鸟图，图案有宋画小品意趣，应出自名家画稿。边抹素混面，饰变体寿字纹。束腰饰杂宝纹。

牙板随凳面梅花形弯曲并膨出，挖壶门，上饰双螭戏珠纹。螭独角粗大，两眼如豆，上下颚较大，须发后披，弓身如兽，卷草尾翼。这种螭纹样式多见于康熙风格的彩绘戗金漆家具上。

墩身无明显腿足，由五个弧突如花瓣的海棠形构件组合而成，推测该构件为一木挖成。这种构件结构复杂，既要挖出饱满的弧面，又要保证可以攒为圆形墩身，对木工的要求极高。构件镂为上下相对的如意云头，中间相连，满饰缠枝莲纹，图案饱满。构件上部直抵凳面，掩在外披的牙板下。托泥为束腰式，亦随凳面作梅花形，上枭及束腰饰卷草纹，下枭饰莲瓣纹。

清早期　红漆彩绘戗金花卉螭纹梅花形坐墩（一对）
面径 38 厘米　高 47.1 厘米　故宫博物院藏

清早期 红漆彩绘戗金螭纹梅花形坐墩（一对）
（法）罗汉藏

彩绘戗金漆是追求填漆戗金漆效果的一种简易做法，康熙时期的宫廷漆家具中多有所见。此类家具多以楠木为胎，漆色多介于红、黄二色之间，比较沉稳。纹饰以龙纹、螭纹、缠枝莲纹、花鸟纹最为多见，戗金线条遒劲有力，图案多具名家风范，应有画家打稿。此对坐墩即有典型的康熙时期漆家具特征。

这种造型的坐墩，令人过目难忘。整理拍摄故宫博物院藏家具时，看到此对坐墩很是兴奋。因为之前曾见有一件相似坐墩收录于 1922 年出版的《中国家具》中，初见影像时赞叹不已，非常期待这样独特造型的家具能够遗存下来。在看到故宫所藏坐墩不久，从好友于山处得知书中那件坐墩不仅得以传世，而且有一对，坐墩的主人是法国人罗汉先生（Laurent Colson），他专注于宫廷家具的收藏，对漆家具有深刻研究。与罗汉先生相识后，曾数次探讨过该对坐墩，其牙板圆润外膨，弧度婉转，造型完美。坐墩的主人罗汉先生有自己独到的见解，墩身的造型源自藤、竹坐墩，这个毋庸置疑，他认为坐墩的造型可能是模仿自藤墩上罩盖着织绣垫子的形态，束腰如同捆扎的绳绦，牙板的造型源于自然垂下的织物边。这个观点有一定的道理，首先揭示了上下两部分的关联性，其次可以解释为什么上下两部分装饰、造型不同，因为它们模仿对象的材质。我认为如果这个观点成立，应该还曾制作有牙板样式更接近织物边沿形象的此类坐墩。不然，一下子抽象到壸门牙板，不大符合中国艺术品造型演变规律。该对坐墩座面以勾云纹为边，往内两层分饰大小螭纹，动势相异，中间饰夔凤纹变体寿字，华贵优美。之于坐墩，这些纹饰的专属性比花鸟图案更强，是更合理的设计。

二者相较，我认为故宫所藏者较早，是康熙风格，装饰尚未成熟，造型有些生硬，罗汉先生所藏者为改进后的作品，装饰和造型都臻于完美，制作时间在康熙晚期至雍正时。他还展示了另一种坐墩，纹饰更接近故宫所藏者，但徒具外形，气韵已失，相信是后期模仿。至于《中国家具》书中收录在后者同一页的红漆描黑描金西番莲纹坐墩，用材纤薄，比例失调，是清晚期甚至有可能是民国时期所制。

紫檀卷草纹圈椅

此圈椅一套四件，造型简约而装饰得体，周身线条充满弹性，是非常成功的样式。此椅因著录于《明式家具珍赏》而为大家所熟知。

清早期 紫檀卷草纹圈椅
长 63.2 厘米 宽 50 厘米 座高 48.6 厘米 高 99 厘米
故宫博物院藏

紫檀卷草纹圈椅靠背板局部

椅圈为四接，接缝线正好位于搭脑正中。以往所见圈椅一般是三接或者五接，四接的做法目前尚没有看到第二例。有观点认为古时匠人制器有“魇胜之术”，将接缝正对坐者的脑袋是比较犯忌讳的，为何这件皇家御用的圈椅会出现这种问题，颇令人费解。其实魇胜、风水等有迷信色彩的讲法，不同地域有不同看法，并不是所有人都忌讳。抛开是否忌讳的问题来看，也可能是当时的工匠惜料，现有材料以四攒做法最为适宜。此椅椅圈的楔钉榫的做工精细程度远过一般椅圈。

三攒式靠背板，上部落堂起鼓如意形开光，镂雕纤细的卷草纹。开光并不是铲地而成，是另嵌上去的。

靠背板下的亮脚牙板两端上翻云纹翅，起较细的阳线，末端有卷珠，牙板正中垂如意云纹，其上方饰云雷纹，牙板两侧有花牙相对。这种样式并非独有，所见苏作家具牙头多有类似做法，如收藏于清华大学美术学院（原中央工艺美术学院）的黄花梨螭龙纹圈椅亮脚处样式与之非常接近，而曾著录于《中国花梨家具图考》中的黄花梨云纹春凳牙头亦为云纹翅状。此外，故宫博物院所藏黄花梨如意云纹六边形南官帽椅的亮脚牙头也是类似做法，连起阳线的手法也很接近，两者之间必然有所关联。

圈椅为C形靠板和联帮棍，四腿座面上至椅圈的部分装通长牙条。这都是比较早期的特征，前述黄花梨螭龙纹圈椅及黄花梨六边形官帽椅都有类似做法。紫檀卷草纹圈椅座面下有束腰，这种做法在明代木刻版画中多见，也属早期风格，与清中晚期扶手椅上座面下束腰的做法不同。综合判断，此椅的制作时间在清早期。

扶手末端和马蹄处本该挖去的木料被巧妙地镂雕为卷草纹。扶手处的卷草纹自然卷曲蜿蜒，叶脉打洼，两边翻细阳线，非常有立体感。底部与看面花纹并不重叠，打磨稍不及面上精细。马蹄上部的卷草纹随着往上蔓延逐渐往里缩进，层次感较强。

纤秀的整体造型，加上前述牙板花纹及雕刻工艺，都是典

明末清初　黄花梨螭龙纹圈椅
清华大学美术学院藏

明末清初　黄花梨云纹春凳的牙头
恭王府藏

黄花梨螭龙纹圈椅靠背板亮脚

型的苏作手法，其靠背板后及座面下髹红或黑糙漆，亦是苏作惯用。自王世襄先生《明式家具珍赏》收录以来，众多家具厂家纷纷效仿，可称被仿制最多的一件古代家具。然而仿品大多比例失调，将一件秀气的苏作家具仿得粗笨不堪，尤其是腿部弧线，少见能做出如原物般柔婉流畅者。

黑漆撒螺钿描金云龙纹平头案

平头案外髹黑漆，撒螺钿屑，描金绘云龙纹，案面正中为捧寿字正龙纹，其他部位绘行龙纹，见线描金。

案面有宽拦水线，可承酒馔。边抹如两层冰盘沿叠置。牙板挖壶门线，正中起山字形尖，往两侧斜斜撇出，垂肚较大，是比较典型的明晚期造型特征。四腿八挓，尤其是侧面骑马挓的挓度不小。牙板随骑马挓撇出，边沿起宽皮条线，下沿斜铲，微起泥鳅背。腿足以插肩榫与腿足结合，做成比较复杂的箭腿式，下端出榫头，纳入梯形铜靴中。

案底髹红漆,漆色温润,有小断纹。中间的穿带上刀刻填金“大明万历年制”款。比较有特点的是穿带截面为半圆形，这是明代或清早期家具上较普遍的现象，可作为家具断代的参考点。

相同制式的平头案，故宫博物院藏有数件，苏富比拍卖公司也曾拍卖过一件。这些案的做漆手法有素漆、彩绘、撒螺钿、撒螺钿描金等，尺寸略有不同。虽然有些没有款识，但是基本

明万历　黑漆撒螺钿描金云龙纹平头案
长 110.5 厘米　宽 78.8 厘米　高 78.6 厘米
故宫博物院藏

都可以确认是明万历时制品，甚至有可能是同一批次所制。对比其中几件的桌腿，大小、样式竟然毫厘不差，应是出自同一图纸。这种样式在清初宫廷家具中仍有仿制，但挓度变小，线条拘谨，貌合神离，已不复明代晚期家具平阔朴实的自然状态。

黑漆撒螺钿描金云龙纹平头案款识

黑漆撒螺钿描金云龙纹平头案案面

所见传世明代宫廷家具，以万历时期所制最为多见，种类有凳、几、桌、案、箱、柜、橱等。万历皇帝享国 48 年，为明代在位时间最长者，有制作如此众多器具的可能。尤其是万历十年（1582 年）名臣张居正去世后，皇帝如脱缰野马，无所约束，日渐奢靡，耽于声色，贪财好物，万历十二年（1584 年）就曾有下旨制作 40 张床的记载，大量的器具制作相信也是自此期始。

插肩榫箭腿式结构的家具在元代大为盛行，在晋作家具中常有所见。明代宫廷漆家具的造型有一些与晋作家具接近，甚至有几件是典型的晋作风格，两者之间的关系是一个很值得深入研究的课题。

黄花梨镶铁梨木画案

画案造型简约，黄花梨攒框镶铁梨木面心。边框为明窄暗宽的做法，即面上部分宽仅寸许，很见文雅，面底宽度与常规尺寸相近，符合结构需要。窄边部分花纹优美，晕节连连，这是匠师有意选材所致。腿足以夹头榫夹住牙板，由于比较粗，内侧有一部分直接抵在面心下。牙板较窄，牙头修长。腿足挓度明显，侧面为鸭蛋形梯枨。案底披麻挂灰，髹黑糙漆。

此画案结体周正平实，细节处理利落，具简远风骨，是苏作高手制成，制作年代当在明晚期至清早期。

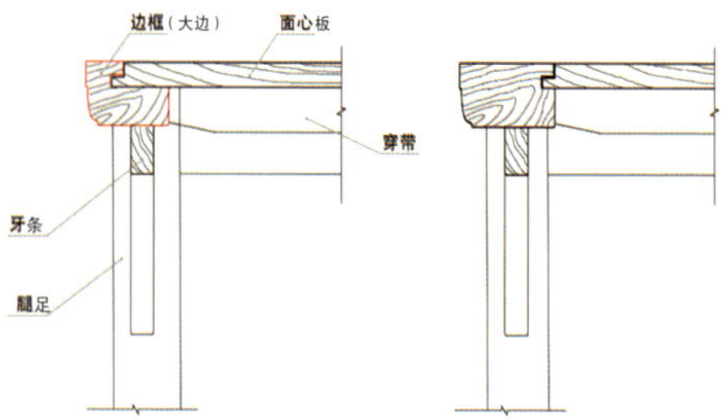

画案攒框结构示意图
左图为黄花梨镶铁梨木画案攒框结构示意图，红色标注为其不同常规处
右图为普通画案攒框结构示意图

明末清初　黄花梨镶铁梨木画案
长 235.4 厘米　宽 72.8 厘米　高 78.3 厘米　故宫博物院藏

榉木镶瘿木画案

此案与前述黄花梨镶铁梨木画案虽然用材不同，但尺度、造型都有相似处，最突出的是同样采用窄边做法，楠木瘿面心花纹屈曲美丽。此案冰盘沿更简练，牙头修长，榉木花纹灿烂，即所谓的“鸂鶒纹”，牙头与牙条以斜 45 度拼接，与前例平接

清早期　榉木镶瘿木画案
长 224.1 厘米　宽 74.3 厘米　高 79.1 厘米
故宫博物院藏

的做法不同。案腿为瓜棱腿式，腿间连以单罗锅枨，同样做成瓜棱式，更具装饰效果。案底披麻挂灰，髹红糙漆，穿带有斜倒角，是苏作手法。

与前例相比，此件画案虽用材更加秀气，但整体风格比较接近，制作时间不会相差太远。宫廷家具中，苏作并非主流，这两件案子从用材、造型、工艺等方面看，都是地道苏作，极有可能就在当地制作，通过进奉或者购买等方式进入宫廷。

紫檀红木灵芝纹画桌

桌面边框及面心为紫檀木制，其他束腰、牙板、腿足等处为红木制。

画桌除桌面外，通体雕饰灵芝纹。腿足向两端膨出很多，使得造型圆润饱满，腿足下方兜转，连以横枨，中间伸出一簇灵芝，巧妙地装饰了腿间空挡，使其更显稳重。

清早期　紫檀红木灵芝纹画桌及局部（后页）
长 171.7 厘米　宽 74.7 厘米　高 83.5 厘米
故宫博物院藏

画桌的桌面与束腰及以下部分不只是用材的差别，其上的灵芝纹样式迥异，雕工也高下有别。桌面边抹处的灵芝纹布局紧凑，层次感强，菌盖波折不明显，形近椭圆，末端卷如云雷纹，边缘因内侧打洼，如双边阳线突起，线条紧绷，雕刻刀法老练娴熟，圆转运刀，有剔红意趣，具明代特征；与之相比，束腰及以下部分的灵芝纹比较平淡，布局略显散漫，菌盖波折明显，虽也有打洼工艺，但远不及边抹处之灵动，是清中晚期工艺，相近者有颐和园所藏清中晚期红木灵芝纹扶手椅。

由此可以推之，该画桌原制于明晚期或清早期，可能通体由紫檀制成，后来束腰以下部位损失，在清中晚期时以红木重新修配而成。虽然雕工略逊，但形体饱满大方，还是比较成功的，不排除修配时参考了原物残件。

画桌地披麻丝挂灰髹红糙漆，是北方古建筑的髹漆手法，结合雕刻工艺等方面，可断定此物属京作。

据王世襄先生记录，此物民国时为北京牛街蜡铺黄家之物，后归三秋阁关氏。郭葆昌先生曾斥重金以紫檀仿制。此件画案后由民主妇联拨交故宫博物院，一同拨交者还有紫檀灵芝纹方凳四件，从做工看是清晚期或民国时配置。郭葆昌所制者，由于缺乏大料，造型拘谨，只在牙板和腿足雕刻灵芝纹，雕工也难及原物。该案现亦藏于故宫博物院，两案聚首，也是佳事。（张志辉）

紫檀边抹与红木束腰、牙板的雕刻工艺迥异

清晚期或民国　紫檀灵芝纹方凳
面径 52 厘米　高 51.5 厘米
故宫博物院藏

民国　紫檀灵芝纹画桌
故宫博物院藏
郭葆昌先生斥重金以紫檀再仿前述紫檀红木灵芝纹画桌而制

清中晚期
红木灵芝纹扶手椅
颐和园藏

鈞運更昌舜日常明光八

地同悠久恩重君親慶永

億侍吾皇

臣胤禛

细节背后的故事

宫廷家具的细节与档案的相互印证

一件家具有所谓的“看面”，即朝向使用者的那一面，家具的用工用料多在看面下功夫。看面也叫“大面”，俗话说：大面上过得去即可。但是若想真正了解古典家具，仅仅看大面是不够的，总要把顶、侧、正、背、底、里都细细检查过才有发言权。细节的价值往往并不逊色于看面上那些迷人的纹饰、流畅的雕工、优美的材质，更为重要的是借此细节，或可与相关文献相联系，令人有别开生面之感。

蕴含一段故事的画箱

首先要说的一件家具，看上去是插屏，实际上却是画箱，它兼有屏具的装饰性与庋具的实用性。此箱为插屏式，木胎髹金漆，满雕凤穿牡丹，透雕蹲凤站牙，云纹墩座。插盖式箱门题签上有“鞠衣懿典”楷书字样，门内分为四层，皆髹红漆，每层置一黑漆描金凤纹牡丹罩盖式画匣，漆色光泽，匣内尚有黄缎衬垫，每件匣盖顶部题签有阴刻楷书“亲蚕图”字样，其下各为小字楷书“诣坛”、“祭坛”、“采桑”、“献茧”，最下为序号：“元”、“亨”、“利”、“贞”。

此箱有清室善后委员会点查文物时留下的千字文编号，据此从《点查报告》中查到如下记载：“鞠衣懿典箱一个（红漆雕花，内盛亲蚕图四卷）：一、亲蚕图，元一卷（诣坛，郎世宁、金昆、吴桂、曹树德等画）；二、亲蚕图，亨一卷（祭坛，郎世宁、金昆、

清　金漆凤纹画箱外观及分解（后页）
长 66 厘米　宽 41 厘米　高 86 厘米　故宫博物院藏

卢湛、陈永价画）；三、亲蚕图，利一卷（采桑，郎世宁、金昆、程梁、丁观鹤等画）；四、亲蚕图，贞一卷（献茧，郎世宁、金昆、程志道、李慧书等画，带乾隆题跋）。”这里要指出的是《点查报告》中红漆应为金漆之误，所谓红色当是金色脱落后底漆的颜色。

从以上材料来看，此物应当是盛装宫廷画家所绘长卷的画箱，《亲蚕图》四卷现藏台北故宫，系描绘乾隆九年（1744 年）

孝贤皇后主持亲蚕仪式的情景，有三条《活计档》的记载作为佐证：

乾隆十三年四月二十七日，副催总六十七持来催总花善、七品官赫达子、金昆等押帖一件，内开为本月初四日，太监胡世杰传旨：着金昆画亲蚕图四卷，照木兰（图）宽窄尺寸，先起稿呈览，钦此。

乾隆十三年十一月二十三日，副催总佛保持来催总花善等押帖一件，内开为十三年四月初四日，奉旨画亲蚕图稿四卷，续于十一月十三日，奉旨：画仪仗全图一卷，钦此。

乾隆十四年七月十七日，副催总佛保持来画院管理事务七品官赫达塞、金昆押帖一件，内开为十三年四月初四日，太监胡世杰传旨：着金昆画亲祭蚕坛图四卷，如不明白处问傅恒、三和，先起稿呈览，钦此。金昆拟得第一卷诣坛、第二卷祭坛、第三卷采桑、第四卷献茧，奏闻，知道了，钦此。

由此可进一步确认此箱应为贮画所制，但是三条档案中并没有提及画箱的具体情况。再次翻检乾隆十三年（1748 年）和十四年（1749 年）的《活计档》，从中又发现数条记录，或可对《亲蚕图》的制做始末作一补充：

乾隆十三年四月初六日，催总邓八格来说，太监胡世杰传旨：珐琅处画珐琅南匠九名，现今无差，着邓八格拨几名帮金昆画木兰图、蚕坛图，钦此。

于本月初七日，邓八格遵旨拟派得李慧林、余熙章、党应时、邹文玉等四名，缮写折片一件，持进交太监胡世杰转奏，奉旨：准给金昆帮画木兰图、蚕坛图，钦此。

台北故宫博物院藏《亲蚕图》“献茧”卷后画家的名款为：“臣郎世宁、臣金昆、臣程志道、臣李慧林合笔恭画。”再配合前述档案，得知李慧林本系造办处画珐琅匠人，因一时无珐琅活计可做，暂时派去帮助金昆绘制长卷。同时也可以修正《点查报告》中的一处错误，即“献茧”卷作者之一为李慧林而非李慧书。

亲蚕礼由皇后主持，宫中众妃嫔参与，通过祭拜蚕神嫘祖、采桑、献蚕等仪式，体现奖励农桑之意。清代的亲蚕礼是一个逐渐恢复的过程，乾隆七年（1742 年）仿古制建先蚕坛，同时也制定了一套完整的仪式，后由孝贤皇后于乾隆九年（1744 年）首先施行。然而《亲蚕图》的绘制却并非在典礼首次举行之后，而是在乾隆十三年（1748 年）才下旨命人起稿，个中原因其实《活计档》的相关记载也有透露：

乾隆十三年四月初七日，司库白世秀由军机处抄来汉字旨意帖一件，内开苏州织造图拉织就御用宝蓝缎祭服、明黄缎祭服、大红缎祭服、月白缎祭服各一件。

于本月初五日，奉上谕：礼，后躬桑以供祭服，乾隆九年，先蚕坛，皇后率妃嫔及诸命妇行亲蚕礼，求桑献茧，效续公宫，数年来，新丝告登，命官染织御衣，以朝以祭，此皆其所供也。章采犹新，袆褕邃渺，继自今缫盆余缕，安可复得也，爰命藏诸文笥，传示永久，以志遗徽，世世子孙其保守之，钦哉！内务府总管和硕庄亲王臣允禄等承旨恭记。图拉送到皇后亲蚕新丝染织御衣，奉旨：收藏，传示永久。谨遵谕旨，拟写进呈，恭候钦定，发下后交内务府造办处收。谨制匣收藏，其匣式及镌刻字样，用如何拟造之处，令其先行拟定，恭呈御览，候旨颁造，谨奏。

于本月二十六日，司库白世秀来说，太监胡世杰交茧馆遗徽字样一件，传旨：将字样刻在装祭服匣上，钦此。

于六月二十四日，司库白世秀、七品首领萨木哈、催总达子将做得合牌匣样一件，持进交太监胡世杰呈览，奉旨：照样准做黑漆地画金凤，钦此。

于十四年二月初七日，司库白世秀来说，太监胡世杰传旨：将装朝服祭黑漆金凤匣一件，着交内务府大臣在缎库敬谨收贮，钦此。（于二月初八日，将四色缎匹四匹，随黑漆金凤匣一件，俱交缎库郎中色勒、库使苏成额领去。）

按照时间顺序排列，应该是：四月初四日，传旨作画；四月初五日，上谕将苏州织成礼服收藏；四月初六日，命珐琅匠帮同绘制《亲蚕图》等画。而此前的三月十一日，孝贤皇后在回銮德州途中去世，三月二十二日，乾隆皇帝亲定谥号为“孝

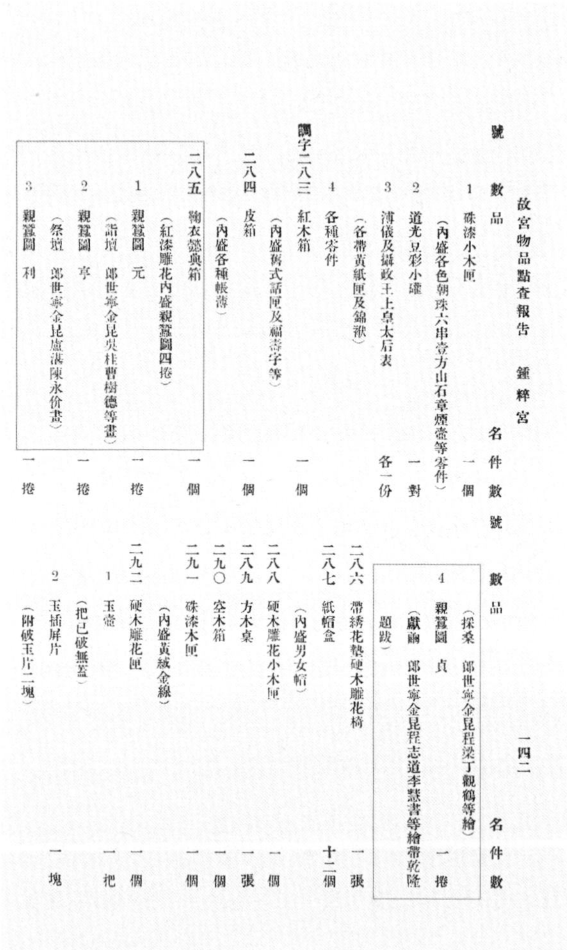

故宮物品點查報告 鍾粹宮 一四二

號	數品	名	件數
	1	硃漆小木匣 （內盛各色朝珠六串壹方山石章煙壺等零件）	一個
	2	道光豆彩小罐	一對
	3	溥儀及攝政王上皇太后表 （各帶黃紙匣及錦袱）	各一份
	4	各種零件	
調字二八三		紅木箱 （內盛舊式話匣及福壽字等）	一個
二八四		皮箱 （內盛各種帳簿）	一個
二八五		鞠衣懿典箱 （紅漆雕花內盛親蠶圖四捲）	一個
	1	親蠶圖 元 （詣壇 郎世寧金昆吳桂曹樹德等畫）	一捲
	2	親蠶圖 亨 （祭壇 郎世寧金昆盧湛陳永价畫）	一捲
	3	親蠶圖 利 （採桑 郎世寧金昆程梁丁觀鶴等繪）	一捲
	4	親蠶圖 貞 （獻繭 郎世寧金昆程志道李慧書等繪帶乾隆題跋）	一捲
二八六		帶綉花墊硬木雕花椅	一張
二八七		紙帽盒 （內盛男女帽）	十二個
二八八		硬木雕花小木匣	一個
二八九		方木桌	一張
二九〇		空木箱	一個
二九一		硃漆木匣 （內盛黃絨金線）	一個
二九二		硬木雕花匣	一個
	1	玉壺 （把已破無蓋）	一把
	2	玉插屏片 （附破玉片二塊）	一塊

清室善后委员会《点查报告》中调字二八五号鞠衣懿典箱的记录

贤”，再观档案中“章采犹新，祎褕邃渺”等语，不觉令人想起归有光《项脊轩志》中“庭有枇杷树，吾妻死之年所手植也，今已亭亭如盖矣”之句。此图四卷历时三载，至乾隆十六年（辛未，1751 年）方才告成，为此乾隆皇帝有《先皇后亲蚕图成命弆藏茧馆并志以诗》一首：“农桑并重以身先，创举崇祠荐吉蠲。秋叶哀蝉惊一旦，春风浴茧罢三年。宛看盆手成新卷，益觉椎心忆旧弦。柘馆萧条液池上，分明过眼阅云烟。”再配合《亲蚕图》画卷后乾隆帝手书跋语：“乾隆九年，孝贤皇后肇称懿典，嗣此岁当举行，鞠衣将事，钩筐具仪，命图以志之，藏于茧馆，辛未长夏载一展阅，念缥素犹新，而音徽久阙，不胜怆然。”合并观之，不但显示出金漆凤纹画箱上“鞠衣懿典”一名的由来，也表明乾隆皇帝对于孝贤皇后的怀念之情或许是促成《亲蚕图》绘制更为重要的原因。

通过档案与画卷的比对，《亲蚕图》的制作始末便渐渐清晰起来，从中也得知了画箱名称的由来。那么，此箱的成做时间是否即为写下跋语的乾隆辛未夏（乾隆十六年，1751 年）前后呢？《活计档》中的买办库票给出了答案：

活字九十六号，油作为（乾隆）十六年六月十九日，传做亲蚕图插屏一件，共用买办严生漆七斤十五两，合银三两一钱七分五厘。土子六斤九两，银三分二厘。退光漆二斤十两，合银二两三钱六分二厘。龙罩漆一斤九两，合银一两零九分三厘。

洋生漆一斤十两，合银一两六钱二分五厘。金家三寸一分红飞金一千四百五十九张，合银十两二钱一分三厘二（钱）。官绢二丈六尺一寸，合银六钱五分二厘。时单纸八张，合银一分二厘。共合材料银十九两一钱六分四厘。

与档案相互印证的宝座

当然并不是所有宫廷家具都能像之前所述画箱一般蕴含一

清　黑漆边嵌松花石三扇座屏及局部
长 389 厘米　宽 32 厘米　高 384 厘米　故宫博物院藏

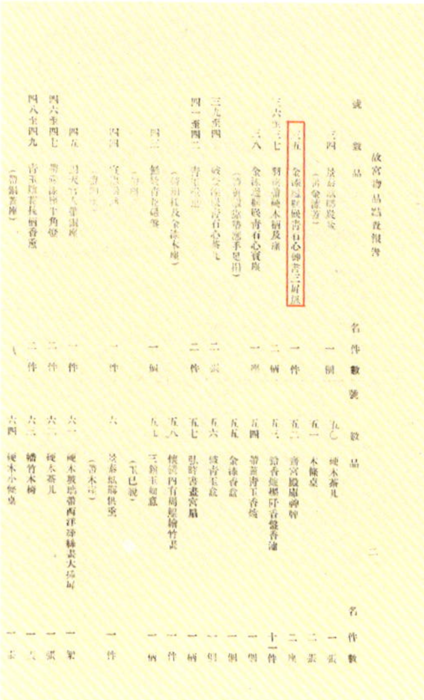

清室善后委员会《点查报告》中成字三五号金漆边框嵌青石心御书三屏风的记录

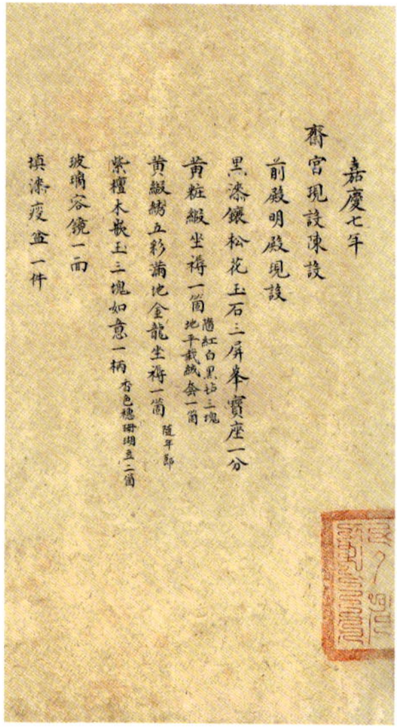

嘉慶七年
齋宮現設陳設
前殿明殿現設
黑漆鑲松花玉石三屏座寶座一分 隨紅白黑毡三塊
黃粧緞坐褥一箇 地平截絨毯一箇
黃緞繡五彩滿地金龍坐褥一箇 隨年節
紫檀木嵌玉三塊如意一柄 杏色穗珊瑚豆二箇
玻璃容鏡一面
填漆痰盒一件

嘉庆七年《陈设档》中斋宫现设陈设的记录

段有始有终的故事，更多如同断续的旋律，线索在实物上戛然而止，却又在档案中柳暗花明，有时于档案中晦涩难明，得见实物又峰回路转，其间曲折一言难尽。

例如黑漆边座镶松花石屏风宝座，其中座屏为山列三扇式，杉木胎髹黑漆边座，屏帽饰夔龙捧寿纹，屏扇两侧以夔龙式站牙抵夹，八字式须弥座，屏心金漆拐子龙纹钩边，内镶松花石，俱阴刻填青乾隆御笔字,右边扇眉板上书“俨若思”,心板刻《冬至斋居》诗:“对越乾乾矢素衷,更临禋祀惕渊冲。斋宫夜永穿松漏,缇室阳回协月箫。省岁每期时不易,占年惟望雪酬丰。案头编简闲披阅,旧学商量慎始终。辛酉冬至斋居作。”中扇眉板处书“洗心藏密”,心板《斋宫六章十四句》,为乾隆皇帝在壬戌长至月御制并书。左边扇眉板上书“监在兹”,心板为《祈谷斋居》诗:“祈谷斋居当谷日,转寅首祚倍寅恭。重民三事曰惟祭,陈政九畴端在农。节物漫教辉火树,春容先自警宵钟。明衣景仰宣尼慎,诗句清吟更有颙。丁卯新春斋居作。”

此屏有配套宝座一件,三屏式靠背扶手,黑漆边框,中镶松花石心,周以描金回纹,座面髹黑漆,面下窄束腰,鼓腿膨牙,足端内卷,下踩托泥。

根据此屏的千字文编号,从《点查报告》中可寻找到有关这件宫廷家具的初步线索,在“斋宫”部分找到如下记录:“成字三五:金漆边框嵌青石心御书三屏风一件……三八:金漆边框嵌青石心宝座一座(带黄缎靠垫应手足榻)。三九至四〇:破金漆嵌青石心茶几。”表明此件屏风和宝座在点查时都是陈设于斋宫的,再配合屏风上的御笔诗文,推测此屏位置可能自乾隆以后就没有变动过。再查清宫陈设档案,据嘉庆七年《陈设档》记载:“(斋宫)前殿明殿现设:黑漆镶松花玉石三屏峯(风)宝座一分。”其中松花玉石一项,为此屏独特之处,以此作为线索经过一番努力，终于在《活计档》中找到如下记载：

乾隆二十五年四月初四，郎中白世秀、员外郎金辉来说，太监胡世杰传旨：斋宫现安松花石插屏一件，着抹样交进，钦此。于本月十五日，将抹得纸样一张，持进交讫。

乾隆二十五年十一月二十三日，郎中白世秀来说，太监胡世杰交：乌拉石一块，传旨：将厚里下分扎三块，如不得三块，分扎二块，用一块将斋宫插屏上破乌拉石换上，照样刻字，钦此。

于二十九日，郎中白世秀、员外郎金辉将乌拉石一块，因有透柳，犄角脱落一块，画得柳形纸样一张，持进交太监胡世杰呈览，奉旨：既做不得，将脱落下乌拉石一块磨看做得砚台做不得，钦此。

于十二月初四日，郎中白世秀、员外郎金辉将做得松花石一块，持进交太监胡世杰呈览，奉旨：着派催长一员，代匠役二名到乌拉处，照斋宫插屏上松花玉石尺寸颜色成做松花石一块，用木边框夹好送来，钦此。

于十二月初七日，郎中白世秀、员外郎金辉奉御前侍卫领侍卫内大臣果毅公阿、委属总管内务府大臣吉谕：着派催长李元带匠役二名，前往乌拉处挑选松花玉石去，遵此。

这趟去吉林挑选石料历时颇久，花销也不小，档案中皆有如实记载：

乾隆二十五年十二月十七日，职字一百七十九号，金玉作为往乌拉处取松花玉石，李元领盘费银一百七两九钱六分。

乾隆二十五年十二月十七日，职字一百八十号，金玉作为往乌拉处取松花玉石，李元领钱粮银十五两，春季衣服银七两五钱。

直到一年后，造办处派出的人员才将从乌拉处挑选的合用松花石料送至京城：

于（乾隆）二十六年十一月二十六日，郎中白世秀、员外郎寅著将催长李元自吉林乌拉做来松花玉石四块，内二块（各长四尺二寸、宽三尺四寸），无柳，刻得字；二块（各长四尺、宽三尺三寸），有柳，刻不得字，持进交太监胡世杰呈览，奉旨：

清　黑漆边松花石心宝座

长 144 厘米　宽 106 厘米　高 111 厘米　故宫博物院藏

无柳松花玉石二块内一块准在斋宫三屏风上换用，将两边扇上字磨去，俱另刻字，其一块交造办处收贮，再有柳松花玉石二块，交三和镶墙用，钦此。

于二十六年十二月初二日，郎中白世秀、员外郎寅著将抹得斋宫三屏风中扇纸样一张，两边扇纸样一张，持进交太监胡世杰呈览，奉旨：着懋勤殿写字，赶明年入斋宫前要得，钦此。

这套屏风宝座所镶松花石亦名乌拉石，来自满洲龙兴之地，为清代皇家御用砚材，多用于制做小件器物，在体量巨大的屏风上使用极为少见，或许是因为用于斋宫这样的礼仪场所，才特别挑选了如此具有纪念性质的材料成做。由于屏心特别沉重，仅凭木质榫卯已无法保证牢固，因此在多处使用铁质构件予以加固，这在以榫卯结构为主的古典家具中也算是特例了。遗憾的是虽然档案内容比较详细，但只是修换屏风中扇的记录，而此屏制做于何时，仍需新的线索与材料加以证明。

在拍摄此件家具的过程中，在将屏风拆解运至摄影室时，还有一个有趣的小发现：在屏座底部木胎上发现了墨书的“颍”字，或许是与制作者、监制者相关的信息。

黑漆边嵌松花石三扇座屏底部木胎上墨书“颍”字

饱含丰富细节的套桌

前面谈到的两件家具能与相关档案材料相合，可以称之为幸运。更多的宫廷家具自身并无款识，档案中的文字描述又过于笼统，要想做到实物与材料的相互印证，困难重重，没有足够的细节，几乎无从入手。例如故宫博物院藏一件黑漆套桌，外表看去古意斑斓，周身漆断纹如蛇腹，造型设计亦不拘常

清　黑漆套桌　故宫博物院藏
其内装纸牌、筹码等物

式。表面上为一方桌，桌面为活板，取下桌面后，将其下叠置的两部分向左右拉开，与本体上的榫卯扣合，即成一件六腿长桌。中间有围棋盘一，两角有圆盖，盖下贮棋子。棋盘下有小格，其内装纸牌、筹码等物。参照《点查报告》的记录："（阙字）三八〇号黑漆折叠桌一张（内盛青石砚一方、大棋子一份、各样图章十方、锡钱一百个、围棋三份、碁盘一件、玉骨牌一付、纸牌一付、绢骨牌一付）。"再比较乾隆朝《活计档》中的记载：

乾隆十年十一月十四日，司库白世秀来说，太监胡世杰交：黑漆套桌一张（随大棋一分、玉骨牌一副，随筹马、花梨木匣四件，内盛枚马、砚台、图章、马吊牌二分，广榔木抽屉一件，内盛铅枚马），传旨：着另漆退光漆，钦此。

于十九年三月二十五日，员外郎白世秀将黑漆套桌一张，随大棋等全分另漆见新，持进安在斋宫呈览，奉旨：着收贮，钦此。

通常来说，造办处承办活计都会规定完结期限，逾期未完者受罚。此桌不知何种原因，从交办到收拾完成，间隔竟接近十年，属于比较罕见的特例。通过观察，发现此桌似乎当年重髹时并未重新处理旧胎骨，以致漆层与胎骨结合不够紧密，今日看来显得裂断错出，不似乾隆时期漆器应有的面貌。也正是由于其自身状况所限，这件黑漆套桌最近十年内从未展开安装过，本次拍摄时才再次组合，并将桌内所贮之物一一取出留真。也正是在获得套桌内如此多的细节之后，才能从浩繁的档案中找到对应的记载。所举三件家具，虽然在文献中的记载有详有略，但都使我们得以了解些许乾隆朝制作家具的实况，以及从实物本身难以获取的背景信息。这样逐渐深入追索的过程，也是理解文献、理解文物的过程：详尽的档案记录能使一件器物的形象变得清晰，更多家具自身的细节又促使原本并未引起关注的档案浮现出来。尽管这些细节往往出现在容易被忽略的地

清　紫檀嵌钢丝钟架及局部
故宫博物院藏
批水牙内侧阴刻填金楷书“周蟠夔钟”、“一”

方：比如柜架搁板底下会贴有“芳园居”字样的楷书小字条；嵌玉璧插屏的款识要取下木脐才能在璧孔内缘得见；钟架的名称被刻在批水牙子内侧……

面对如此众多的古典家具精品，欲真正明了一个时代的风格就需要足够的细节，“知著”务须“见微”，希望字里行间的勾稽索引,能够得诠始终,诚如孔夫子所谓“足,则吾能征之矣”。(黄剑)

清　黄花梨边座
嵌玉璧插屏及局部
故宫博物院藏
玉璧孔内缘阴刻篆书
“大清乾隆年制”款

故宫博物院藏
清代家具撷英

《故宫博物院藏明清家具全集》出版项目，自 2012 年 8 月 15 日拍摄下第一件文物——紫檀木雕花平头案的照片算起，到 2014 年 7 月 10 日，紫檀木边嵌玉石花卉图围屏的拍摄结束，全部工作历时近两年，共计拍摄院藏家具文物近两千件，数量几达故宫博物院家具藏品总数的三分之一，时间断代上自明代宣德下至清代末期。除去少数调拨、捐献、收购者外，基本以清宫旧藏为主，这其中乾隆时期的作品又占据大半。

回想此前故宫博物院古典家具藏品第一次较为全面和系统地展示在世人面前，还是 2002 年《故宫博物院藏文物精品大系·家具卷》的出版。此后过去 12 年，当年因为篇幅所限未能一展风华的宫廷家具精品，终于有缘与世人见面，可谓幸甚至哉。然而，要从近两千件文物中，挑出将要率先亮相者，真是一件“艰难”的工作：

清乾隆
紫檀木边嵌玉石花卉图围屏
通高 237 厘米　宽 304 厘米
故宫博物院藏

已经出版过的文物已不算新鲜，比如卧具类家具院藏数量原本较少，之前就已出版过多次，此次拍摄仅增加了更多的细节和角度。故本文仅选取宫廷家具精品中尚属首次出版者以飨读者，涵括坐具、屏具、承具、庋具四大品类，共计 45 件。入选者

或雕工精彩绝伦，或材质纹理优美生动，或描饰富丽堂皇，或造型端庄稳重，或结体自然流畅，而可观可赏之外更有可证诸档案、见诸史料者，对于古典家具研究有着不可估量的价值。

除照顾到基本的家具品类之外，选取过程中也考虑到清代家具装饰手法和材质的多样性。其中漆工艺类以描金、描彩漆、剔红为代表，而硬木类材质则以紫檀、花梨、红木为主。沉香、白檀等材质，即使在宫廷家具中也属罕用，所以作为珍稀品种选入。需要说明的是，因多处引用档案原文，为保持一致，家具材质的名称，延用了《活计档》中的说法。档案中紫檀、花梨、红木等名称，若以今日的眼光来看，都是一个集合的概念，包括了现代植物分类学中若干种属的木材。本次拍摄清晰地反映出各种材质的特点，届时广大读者尽可自行判断。

坐具

坐具最能体现宫廷家具的等级之义，以宝座居首，其下为圈椅、扶手椅、靠背椅、杌凳、绣墩。彼此高下等次虽史无明文，但千载以降，约定俗成，使用之时，往往依此排列：大抵圈椅高于扶手椅，无扶手的靠背椅又高于无靠背的杌凳与绣墩。

清　紫檀木雕花漆心宝座

长 121 厘米　宽 89 厘米　高 119 厘米
故宫博物院藏

宝座以紫檀木为框架，五屏式靠背扶手，板心皆以黑漆描金云龙纹为饰，四周填以镂空黑漆描金拐子纹，边框亦浮雕拐子纹。座面后部为折沿式，前部中段内凹，其上以黑漆地描彩漆寿意花为饰。面下束腰开透孔，上饰黑漆描金卷草纹，托腮饰黑漆描金拐子纹，其下鼓腿膨牙，肩部浮雕寿意花，足端外卷，镂雕卷草纹，下踩宝珠立于带束腰三弯腿底座之上。

此宝座是硬木与漆艺结合的成功典范，以黑漆为地，与紫檀之深沉暗合，描金、彩漆为饰，又使得装饰效果自然凸显，处处可见用心经营的痕迹。

清　紫檀木雕螭纹嵌珐琅宝座

长 128 厘米　宽 104 厘米　高 140 厘米
故宫博物院藏

座为紫檀木材质，五屏式靠背扶手，板心皆落堂踩鼓，镶掐丝珐琅寿意花饰板，座面为格角平镶板心，侧沿镶掐丝珐琅花板为饰，面下饰束腰嵌银丝卷草纹。牙条中垂，镶珐琅花板，展腿式造型，足端做方形回纹马蹄，下带托泥。

落堂踩鼓是一种装饰手法，常用于面板之上。做法是在采用攒边法制作面板时，让板心嵌装在大边、抹头组成的框架的槽口之中，四周减薄，中间高起，形成凸面。北京匠师称其为“落堂踩鼓”，苏州匠师称其为“起兜肚”。

此宝座最为精彩之处在于靠背、扶手、牙条之上的螭纹卷草装饰。其中搭脑处所雕者尤为精彩，用穿枝过梗的手法，将看面与背面融为一体，卷草纹蜿蜒曲折，与直线造型为主的框架结构恰成对比，而掐丝珐琅饰板在紫檀木的映衬之下则分外明艳。即使在宫廷家具中，此件宝座的雕工也可谓罕有其匹。

清　天然木宝座

长 114 厘米　宽 94 厘米　高 92 厘米
故宫博物院藏

宝座以树根攒成，即所谓天然木家具。靠背扶手联为一体，座面为扁圆形可拆卸，原为编藤软屉，后改做木板硬屉，足下落在一随形黑漆底座之上。

天然木家具多在室外陈设，尤其适合于园林风景中摆放，可谓汇人意、天意于一体。

清　黄杨木雕螭纹宝座

长 138 厘米　宽 80 厘米　高 80 厘米

故宫博物院藏

宝座为黄杨木材质，三屏式靠背扶手，以拐子龙纹寿字镶边，心板浮雕螭龙纹，座面装藤屉，面侧缘雕螭纹，束腰雕拐子纹，牙板及四腿满雕葡萄藤叶。

此椅色调明快，靠背扶手上龙纹卷转生动，腿牙处葡萄藤叶由浮雕过渡至近乎圆雕，手法精细自如。

清　楠木圈椅

长 47 厘米　宽 43 厘米　高 93 厘米
故宫博物院藏

圈椅为楠木材质，椅圈三接，背板圆光中浮雕寿字纹，下带壶门式亮脚。座面落堂镶板心。面下为罗锅枨加矮老。

此椅四腿与座面上部的后柱及鹅脖(椅子前腿在椅盘以上延伸并与扶手相连的部分)系一木连做，但以座面为界，上为圆材，下为方材，为其用心之处。

清　紫檀木扶手椅

长 64 厘米　宽 51 厘米　高 103 厘米
故宫博物院藏

扶手椅为紫檀木材质，靠背横梁、扶手上边以及宝瓶式联帮棍（扶手下面鹅脖和后腿之间的一根立柱，上接扶手，下连椅盘，又名“镰刀把”）和靠背板均做出曲度。搭脑为卷书式，座面冰盘沿，攒框平镶板心，面下束腰开拐子式狭长透孔，孔边缘起阳线为饰。面下方材直腿，素牙条，铲地（用平口刀凿去花纹以外的部分做成的底面）起阳线为饰。足端内翻马蹄，下踩方形托泥。

此椅看似平凡，实则功力内敛，匠师在曲度、倾角、线型上的用心拿捏，须仔细品味，方得其趣。

清　紫檀木拐子靠背扶手椅

长 62 厘米　宽 48 厘米　高 100 厘米
故宫博物院藏

扶手椅为紫檀木材质，镂空攒拐子靠背及扶手，靠背中间镶雕花板一块，座面装藤心。四面平式结构，面下雕花牙条，中垂如意头，腿间安贴地罗锅式管脚枨，足端带龟脚。此椅选料精良，攒接工艺精湛，造型秀丽雅致。

清 紫檀木透雕靠背扶手椅

长 77 厘米 宽 64 厘米 高 103 厘米
故宫博物院藏

扶手椅为紫檀木材质，搭脑略向后弯，靠背板透雕寿字如意云头，寿字笔画沿边起阳线，其内阴刻八方间四方卍字锦纹。靠背两侧及扶手皆攒拐子成做。座面格角攒边平镶楠木心板，面下素束腰、直牙条，四腿方材，足端内翻回纹马蹄，下踩楠木托泥。

此椅造型方正，背板雕饰精当是其看点所在。

清　红木嵌理石心藤屉靠背椅

长 67 厘米　宽 53 厘米　高 97 厘米
故宫博物院藏

靠背椅为红木材质，椅背为三屏式，中间镶大理石心，两侧及下方镶瘿木心。背后楠木挡板上阴刻填绿漆梅占花魁诗句及梅枝。靠背与座面间装灵芝纹牙子，座面攒框装藤屉，面下素牙条，中部略垂。三折式腿，足端雕灵芝。

清 剔红云龙纹扶手椅

长 48 厘米 宽 39 厘米 高 99 厘米
故宫博物院藏

扶手椅通体以剔红为饰，卷书式搭脑，靠背板雕海水云龙捧寿纹，回纹镶边，其中海水线条刻画流畅精细。靠背背面及扶手等处皆雕万蝠流云，座面饰红漆戗金云龙纹，四腿方材，三面腿间镶券口牙子，足端带铜套。

此椅造型工整，雕饰繁而不乱，具有典型的宫廷风格。

清　黄花梨木藤心大方凳

长 57 厘米　宽 57 厘米　高 51 厘米
故宫博物院藏

方凳为花梨木材质，座面攒框装藤心，束腰上做出长方形开光，牙条中部垂出如意头，下有罗锅枨，四腿方材，足端内翻回纹马蹄。

清　红木方凳

长 50 厘米　宽 50 厘米　高 51 厘米
故宫博物院藏

方凳为红木材质，座面攒框平镶楠木心板，面下束腰以透空黑漆描金拐子纹装饰，素牙条下装罗锅枨加矮老，方材直腿，足端内翻马蹄。

屏具

屏具包括座屏、围屏、插屏、挂屏四大类。

座屏一类,清宫档案中多写作“屏峯”或“屏风”,一个“峯”字形象地描绘出座屏的特征，即屏扇多呈山列式布局，中扇最高，两侧次第降减。座屏从结构上来说属于插屏，但与一般插屏不同的是，其安设多在大殿明间正位，如太和殿、乾清宫的罩金漆雕龙座屏。围屏与座屏相比，最大的特点在于可以折叠收放，更换使用较为方便。在宫廷中，围屏也可与座屏一样，于室内居中陈设，但陈设殿堂的等级略逊于座屏。插屏无论大小，多是成对出现，其中大者在殿堂内靠近山墙的位置，相向安置。挂屏在档案中又有“吊屏”之名，单件者有之，更多的则是成对、成套出现，多者可至九件一套，如本文所选剔红边框雕鸂鶒木嵌牙武夷九曲挂屏。清代屏风与宝座多组合使用，成为皇权的象征,制作之时当然倾注全力,用心经营,件件不同，个个可观，因之坐具与屏具两类所选之数超过全篇之半。

清　黄花梨木边架历代贤后图围屏

宽 38 厘米　高 161 厘米

故宫博物院藏

围屏一副计十二扇，花梨木边架，眉板、绦环板、余塞板、裙板等处彩绘博古图，两边扇各装一字条："瑞气朝浮五云阁，祥光夜吐万年枝。"系出自唐人许景先《奉和御制春台望》诗。中间十扇屏心为绢本彩绘历代贤后图，每幅上部皆有楷书图赞，文末钤盖乾隆篆书御宝二方："惟精惟一"、"乾隆宸翰"。

造办处《活计档》中曾有制作类似屏风的记载：

乾隆二年九月初九日，七品首领萨木哈来说，太监毛团交：王振鹏绘历朝贤后图手卷一卷，传旨：着咸安宫画画人照此贤后图样画十副，配合做花梨木边炕屏一架，先画样呈览，准时再做，钦此。

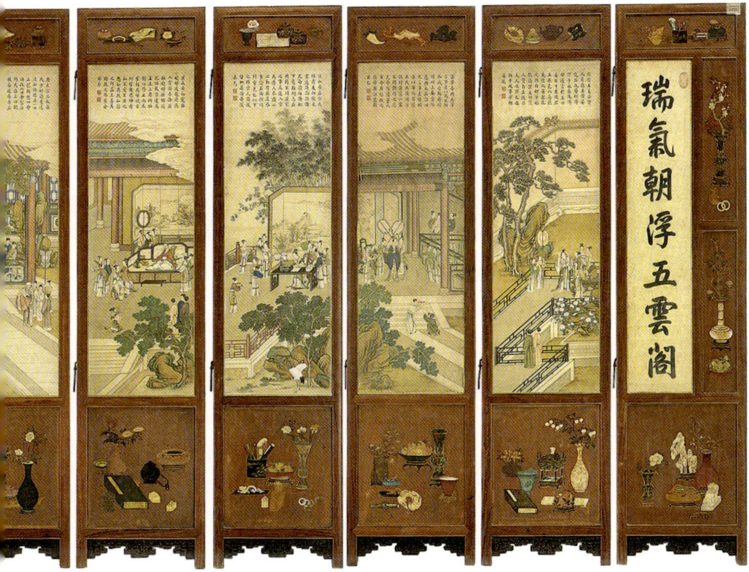

于本月十一日，七品首领萨木哈将画得围屏纸样一张持进交太监毛团、胡世杰、高玉呈览，奉旨：照样准做，钦此。

于本年十月十八日，七品首领萨木哈来说，太监高玉传旨：先做的贤后图炕屏安鱼腮板二块，钦此。

于本月二十九日，七品首领萨木哈将做样王振鹏绘历朝贤后图手卷一卷，交太监胡世杰、高玉呈进讫。

于本年闰九月二十九日，将画得贤后图十副配做得紫檀木边炕屏一架，七品首领萨木哈持进交太监高玉呈进讫。

清　紫檀木边架雕楠木心花卉围屏

宽 39 厘米　高 60 厘米
故宫博物院藏

围屏一副计十二扇，紫檀木边框楠木心，眉板、腰板雕夔龙纹，心板则雕做十二月花卉，每扇有阴刻填青御制诗一首。裙板为人物故事图，背面起线做出拐子纹开光。

此屏花卉雕刻尤其生动，花朵枝叶，无不细加描摹，特别是卷曲的边缘，在雕工妙手之下，真可谓栩栩如生。

清　黄花梨木雕沉香围屏

宽 23 厘米　高 158 厘米

故宫博物院藏

围屏一副计十二扇，花梨木边框，眉板雕神鸟串枝莲纹，屏心为沉香木雕刻山水人物图。每扇各有主题，或独钓江上，或小径山行，无不意境清雅，画意独具。腰花板雕瑞兽串枝莲纹，裙板雕五福捧寿图，四周环以串枝莲纹，牙板雕福寿双钱，足端带铜套。

沉香系名贵香料，似此雕做十二扇围屏者，即在宫廷亦属绝无仅有，此屏将花梨的明快与沉香之凝重汇于一器之上，而雕饰将文人画之意境与传统吉祥纹样同屏辉映，选材、雕工、用意皆为上乘之作。

清　黑漆嵌螺钿围屏

宽 27 厘米　高 136 厘米
故宫博物院藏

围屏一副计十二扇，黑漆地薄嵌五彩螺钿，背面楷光漆。边框嵌出云蝠纹，眉板、腰板、裙板则做出各色花卉。屏心为山水风景图，每扇一景。

此屏螺钿色彩绚丽，嵌饰手法细腻生动，可以想见当年用工之费。

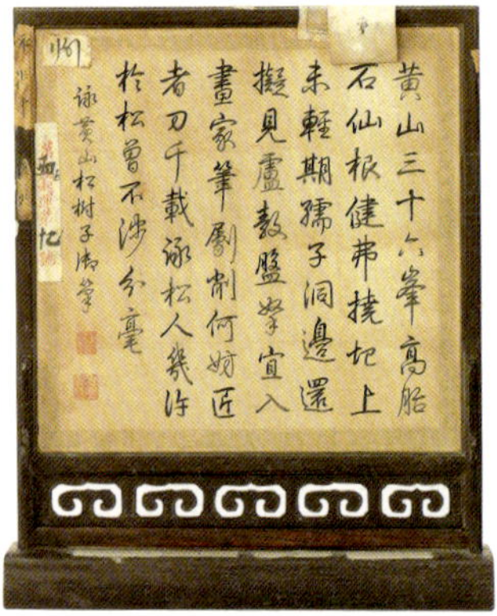

清　紫檀木边座乾隆御笔诗画合璧插屏

长 29 厘米　宽 9 厘米　高 35 厘米
故宫博物院藏

插屏为紫檀木材质，卷书式屏座，立柱、站牙、屏框皆光素无纹，唯绦环板处透雕如意云头五朵。屏心正面装万字锦边藏经纸乾隆御笔画松一幅，右上角题为："癸酉仲夏画禅室制。"背面为回纹边藏经纸乾隆御笔《咏黄山松树子》诗："黄山三十六峰高，胎石仙根健弗挠。圯上未轻期孺子，洞边还拟见卢敖。盘挐宜入画家笔，剧削何妨匠者刀？千载咏松人几许，于松曾不涉分毫。"

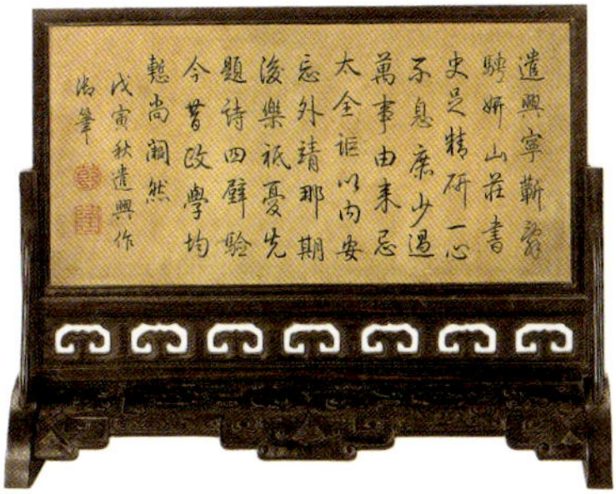

清　紫檀木玉璧座乾隆御笔书画合璧藏经纸双面插屏

长 25 厘米 宽 9 厘米 高 19 厘米
故宫博物院藏

插屏为紫檀木材质，站牙为三曲短柱，底座为谷纹半璧式，弧形批水牙雕青铜器风格的纹样，绦环板透雕如意云头。屏框光素，屏心一面为藏经纸墨梅图，一面为乾隆御笔诗："遣兴宁靳辞骋妍，山庄书史足精研。一心不息庶少过，万事由来忌太全。讵以内安忘外靖，那期后乐祗夏先。题诗四壁验今昔，政学均惭尚报然。"落款为"戊寅秋遣兴作"，即乾隆二十三年（1758 年）。

清　白檀边座乾隆御书藏经纸双面插屏

长 51 厘米　宽 32 厘米　高 85 厘米
故宫博物院藏

插屏为白檀边座，屏框一面雕洋花一面光素，立柱头雕卷叶纹，柱身浮雕拐子龙纹，透雕夔龙纹站牙，底座三卷如意头，批水牙透雕西蕃莲纹，绦环板透雕西洋风格卷草纹。各装蓝色锦边藏经纸乾隆御笔字一张，内容为《文园四咏》中的二首，背面为《鹿》诗："野鹿如牛羊，日夕每下来。溪边及岩畔，可与共徘徊。此地之所长，江南何有哉？"正面为《石》诗："南方石玲珑，北方石雄壮。玲珑类巧士，雄壮似强将。风气使之然，人自择所向。"落款为"甲午季夏御笔"，时当乾隆三十九年（1774 年）。最下有朱白文印各一，为金粟山藏经纸印。

南方石玲瓏北方石雄
壯玲瓏類巧士雄壯似
強將風氣使之然人自
擇所向 右石
甲午季夏御筆

清 紫檀木边座嵌螺钿云龙插屏

长 56 厘米 宽 20 厘米 高 57 厘米
故宫博物院藏

插屏为紫檀木边座，站牙、绦环、披水牙等处皆浮雕青铜器风格的纹样，屏框做出双洼面双边线，内镶回纹子口，屏心用小块螺钿拼缀成云纹，其间用染色螺钿做成金龙三条，于云中隐现蜿蜒。

此屏色彩对比强烈，兼以螺钿五色之光，有亦幻亦真之感。

清　紫檀木边座玻璃罩宝瓶式插屏

长 30 厘米　宽 18 厘米　高 54 厘米
故宫博物院藏

插屏边座为紫檀木材质，整体造型作宝瓶式，八字形屏座，雕黄杨木站牙。顶部雕宝瓶，仿佛全屏具体而微者。其下屏心装回纹边玻璃罩，有插销扣合。罩下为雕紫檀木嵌玉月下婴戏图。

此屏造型不拘常式，雕刻细致生动。

清　黑漆嵌螺钿康熙御笔五言挂对

长 130 厘米　宽 20 厘米
故宫博物院藏

挂屏带双螭如意头式铜吊环，屏心四边用识文描金手法做出拐子式双螭捧寿纹，黑漆地上挖槽镶嵌螺钿御制诗句，为“操存须主静，察识在知几”。引首为“渊鉴斋（位于畅春园东路）”。落款为“康熙宸翰”，“敕几清晏”。

此屏虽系螺钿镶嵌，然表现运笔锋芒不让墨书，实为嵌螺钿挂屏中的佳作。加之康熙御笔对联存世较少，此件更显珍贵。

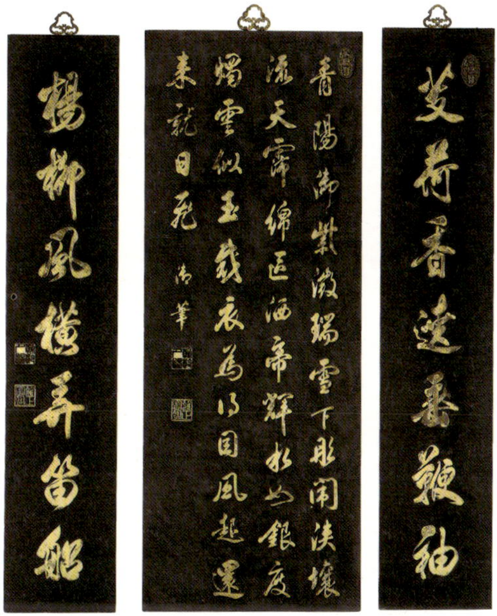

清 紫檀木边嵌铜字雍正御笔诗句挂对及中堂

长 161 厘米 宽 32 厘米 长 161 厘米 宽 63 厘米
故宫博物院藏

挂对、中堂为三件成套，带双螭如意头式铜吊环，皆为黑色煤渣地嵌铜镀金雍正御笔字。联曰："芰荷香绕垂鞭袖，杨柳风横弄笛船。"下联用宝二方，上为篆书"朝乾夕惕"，下为"雍正宸翰"。联语取自唐代诗人赵嘏的《忆山阳二首》，据《国朝宫史》记载，重华宫芝兰室曾有雍正御笔联，与此内容相近，唯下联作"杨柳风微弄笛船"。中堂所书为："青阳御紫微，瑞雪下彤闱。泱瀼流天霈，绵区洒帝辉。水如银度烛，云似玉裁衣。为得因风起，还来就日飞。"右上角有长圆双螭纹篆书"为君难"印一，诗末有"御笔"二字，下有篆书"朝乾夕惕"、"雍正宸翰"印各一。此诗系唐人李乂所作《陪幸临渭亭遇雪应制》。挂对、中堂做法朴素，色彩对比强烈，书风潇洒自然。

清　雕漆边框嵌玉字乾隆御笔挂屏对

长 154 厘米　宽 32 厘米
故宫博物院藏

挂屏两件成对，带卷草纹如意头式铜吊环，剔红拐子间缠枝莲边框。屏心在蓝色漆地上嵌玉字御制诗，其一为《登太白楼叠旧作韵》:“太白酒楼俯绮闌，事虽跌荡意清真。重来此日省风俗，遥想当年迭主宾。狂入道终还一曲，渴吞海那计三巡。长歌老杜犹能忆，偻指尚应少六人。”另一为《过济宁州城》:“十里双行柳向城，五更小雨傍晨晴。为看烟舍骈头接，且命笋舆缓步行。鸡犬无惊觇吏治，农商有庆验民情。一般更惬予怀者，赤子纷如父母迎。”

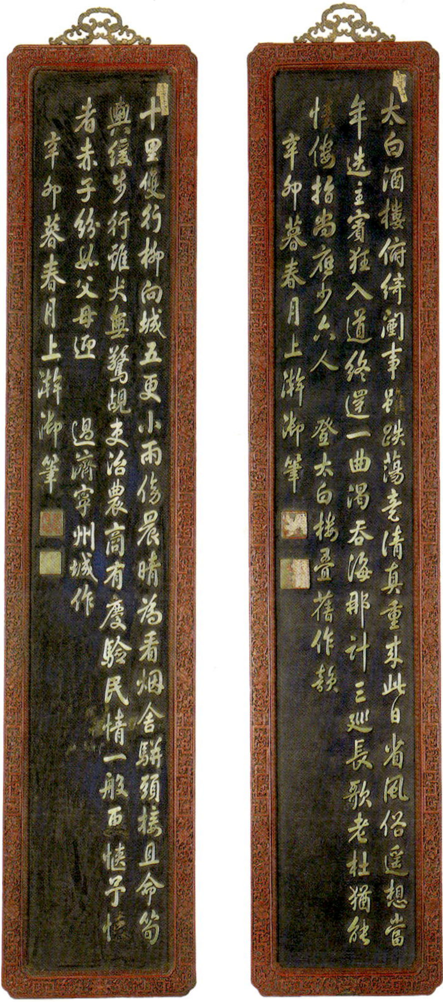

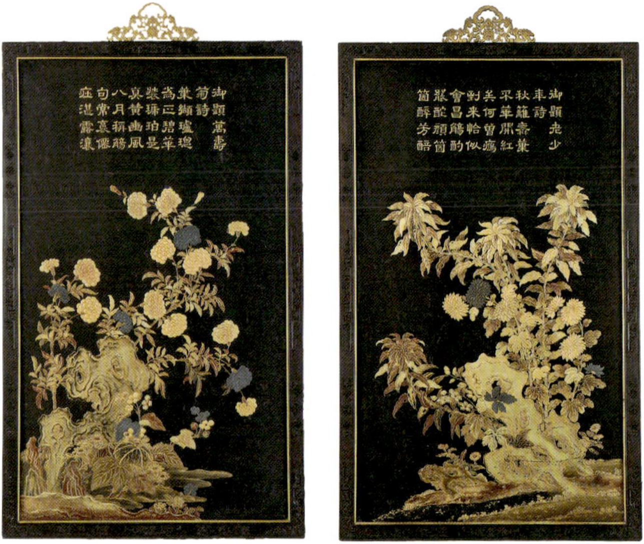

清　紫檀木边框识文描金挂屏对

长 92 厘米　宽 58 厘米
故宫博物院藏

挂屏带卷草福寿纹铜吊环，紫檀木雕花边框。屏心在黑色漆地上用识文描金手法做出菊花湖石，上部有御题《老少年》诗："秋篱无叶不花开，红矣何曾雁到来。恰似会昌觞酌罢，酡颜个个醉芳醑。"另一件屏心在黑色漆地上用同样手法做出菊花湖石，上部有御题《万寿菊》诗："叶缬壚璁为正碧，花装琥珀是真黄。豳风八月称觞句，常裛仙庄湛露瀼。"

清　紫檀木边框嵌金银片花卉御制诗挂屏对

长 89 厘米　宽 51 厘米
故宫博物院藏

挂屏带寿意花铜吊环，紫檀木边框做出素面双边线，框内镶金漆子口。屏心在黑色开光漆地上用金银片嵌出瓶花、桃树盆景及一柄如意。右上角有御制《长春花》诗，或可作为解读画面内容的提示："开花四季号长春，叠出鲜葩月月新。默对芳丛思致语，可当不太费精神。"另一件屏心在黑色漆地上用金银片嵌出瓶花盆景图一幅，左上角有嵌银片字御制《万寿菊》诗一首："花大如盘金作色，瀼瀼瑞露湛琼卮。设云拟献南山寿，未识华封尧所辞。"

嵌金银片工艺多用于边饰，以之独占一幅者甚少，此屏为其中佳作。

清　剔红边框武夷九曲挂屏（一套九件之一）

长 52 厘米　宽 67 厘米
故宫博物院藏

挂屏应为一套九件，带回纹如意头铜吊环，剔红锦地宝相花边框，框内镶绳纹铜边子口。屏心在蓝色漆地上嵌出武夷风光图，山石用鸂鶒木嵌出，树木人物、山间云气则为染牙雕制，右上角有玉字“武彝山叁曲”字样，其中景致皆以泥金字标出，如“一线天”、“三杯石”、“攒石峰”等。

画面布局严谨，色彩丰富，通过多达九件的挂屏将武夷风光展现出来，在宫廷屏风中也是极为罕有的作品。

清　黄花梨木雕花边框瓷心赣省名胜图圆挂屏对

直径 70.2 厘米
故宫博物院藏

挂屏为圆形，两件成对，带錾花铜吊环，花梨木雕花边框。其中一件的屏心为彩瓷江边风景图，景物皆作浮雕状。画面中心为琵琶亭所在的临江建筑群，亭侧江中则是舟楫往来，一派繁忙景象。琵琶亭位于江西九江附近，始建于唐，因白居易曾送客浔阳江留下的著名诗篇而得名，历代屡遭破坏。至乾隆时期，由唐英主持重建。唐英曾历任淮关、九江关、粤海关监督，并长期主持景德镇陶务。另一件屏心为庐山风景图，其中著名景点皆用文字标明，如“五老峰”、“白鹿洞”等。

此屏独特之处在于山石建筑等皆作浅浮雕状，配合釉色更具观赏效果。

承具

承具无论桌、案、几，从高度上都可分作高矮两类，因清宫多在室内设炕，所以配合炕上使用的炕桌、炕案、炕几等矮形承具数量甚多。固定陈设之外，尚有便携家具一种，此类桌案，小巧可折叠，多为皇帝外出行围等活动而制，设计每每不同，各具巧思，此前少有刊布，因此特列一类以供观瞻。

清　紫檀木嵌珐琅雕花长桌

长 243 厘米　宽 70 厘米　高 96 厘米
故宫博物院藏

长桌为紫檀木材质，桌面冰盘沿，格角攒边平镶板心。面下束腰雕十字花间掐丝珐琅花板，上下托腮雕莲瓣，牙条三垂，雕番莲拐子纹，中镶掐丝珐琅蝠磬纹饰件。四角装透雕拐子龙纹角牙，肩部装珐琅蝠纹饰件，桌腿三弯，足端外翻，雕卷草纹。

此桌选材精心，雕饰得宜，体量虽大，却无笨拙滞重之感。

清　黄花梨木长桌

长 206 厘米　宽 57 厘米　高 89 厘米
故宫博物院藏

长桌为花梨木材质，桌面为格角攒边平镶独板面心，面侧缘剁边，面下罗锅枨上带透雕团螭纹卡子花。枨子与四腿裹腿相交，四腿圆材，直落到地。

此桌选材精良，独板面心尤为难得，且材质纹理生动，色彩明艳，雕饰无多，造型素雅。

清　黄花梨木三折腿高桌

长 206 厘米　宽 57 厘米　高 89 厘米
故宫博物院藏

高桌为花梨木材质，格角攒边平镶独板面心，四边起拦水线，面下素束腰，牙条中垂如意头，沿边起阳线为饰。方材三折式腿，足端外翻马蹄。

此桌面板纹理精彩，结体方正劲利，四腿造型颇为独特。另有炕桌一件，造型与此绝类，当是成堂家具中的一件。

清　紫檀雕花葵瓣桌

面径 96 厘米　高 84 厘米
故宫博物院藏

圆桌为紫檀材质，桌面作葵瓣式造型，牙板铲地浮雕具有巴洛克风格的西洋花纹。四腿上部雕俯仰莲头，下部光素，略向内收，足端雕出覆莲，下踩葵瓣形托泥。

此桌装饰富有异域色彩，雕工劲健有力，造型稳重大方。

清　紫檀凤纹半桌

长 102 厘米　宽 41 厘米　高 84 厘米
故宫博物院藏

半圆桌为紫檀木材质，桌面平镶板心，面下束腰雕拐子式双凤纹，牙条雕双凤纹。腿、牙起回纹边，方材直腿，足端做出如意头。四腿间装攒接透空双凤捧寿纹踏板。

此桌材质优良，雕饰细致，攒接踏板引人注目。

清　紫檀木雕竹节纹炕桌

长 93 厘米　宽 30 厘米　高 32 厘米
故宫博物院藏

炕桌为紫檀木材质，桌面格角平镶板心，面侧缘雕竹节纹。束腰开笔管式狭长透孔，亦雕竹节为饰，牙条下安竹节纹高拱罗锅枨，四腿四劈料雕竹节纹。

此桌用料精良，造型稳重，纹饰雕刻得宜。

清　楠木炕桌

长 107.3 厘米　宽 76.8 厘米　高 37.8 厘米
故宫博物院藏

炕桌为楠木材质，桌面格角平镶三拼板心。面侧缘起阳线一道，面下装三条穿带，带间贴有一小纸条，上有墨笔楷书“毓庆宫”字样。四角接圆材直腿，腿间装罗锅枨。此桌不施雕饰，朴素天真，意趣雅致。

清　紫檀活腿炕桌

长 67 厘米　宽 41 厘米　高 24 厘米
故宫博物院藏

炕桌为紫檀材质，桌面格角攒边平镶板心。面下四角有铜活，上开螺丝眼。四腿圆材，顶端有螺口可旋入面下孔眼中。此桌造型简洁，组装方便，是外出时使用的便携式家具。

清　黑漆描金炕桌及局部

长 109 厘米　宽 75 厘米　高 36 厘米
故宫博物院藏

炕桌通体以黑漆描金为饰，桌面回纹边菱花开光中绘月下狮子图，空中绘万蝠流云，开光外四角填以云蝠鹤竹桃，喻示福寿万代。四边勾以卍字锦纹，其外四周则填以万寿锦地，其上开光中则绘各种花卉鸟蝶。束腰上开笔管式透孔，卷草花为饰，上下托腮绘蕉叶纹。牙条三垂如意头，与四腿皆绘芝仙祝寿为饰，足端内翻马蹄，下踩金属短柱。

此桌构图饱满，纹饰吉祥，造型典雅。

清　椰子木包镶活腿炕案及局部

长 70 厘米　宽 37 厘米　高 31 厘米
故宫博物院藏

炕案用椰子木包镶，四角侧缘镶錾花铜包角。两侧腿间以横枨相连，各为一组，通过铜枨与桌面底部相连，腿枨交接处用錾花铜活加固。

此桌造型小巧，装饰精致，结构简单，拆装方便，是出外时常用的便携家具。

清　楠木活腿高桌

长 78 厘米　宽 42 厘米　高 73 厘米
故宫博物院藏

活腿桌为楠木材质，桌面格角攒边平镶板心。面下窄束腰，其下素牙条，四角翻起如意头。四腿圆材，侧面装双枨，其中上枨可转动，枨上出斜架，斜架顶部装横木与对侧斜架横木在桌面下相抵，即可支撑四腿。收起时四腿可藏于牙子之后，高度如炕桌。

此桌设计巧妙，收折自如，高矮兼能，属于便携式家具中少见的品种。

庋具

庋具包括柜、格、架、箱等，区别大体在封闭之程度。柜、箱多四面全封，格则或封或闭，架以三面或四面开敞者为多。其中又可组合变化，做出柜架、柜格、架格等名目。此类器物体量差异甚大，硕者可容人横卧其内，小者可手擎细赏，用料豪奢者有之，造型清雅者有之，令人不忍割舍。但限于篇幅，每类中仅择一件以为代表。

清　紫檀木雕博古图顶竖柜

长 192 厘米　宽 64 厘米　高 206 厘米
故宫博物院藏

顶竖柜为紫檀木材质，两件成对。顶柜与底柜皆为对开双门，中有可拆卸的闩杆，铜鍪花合页、吊牌及面叶。门板心铲地浮雕岁朝图，柜肚雕博古图，两侧立墙饰花卉。腿间装素牙条，四足带铜套。底柜门内中部平列抽屉四具，屉脸光素，带铜质拉手，下层有闷仓，其上有柜膛盖板四块，板上有钱纹透孔。

此对大柜选材精良，其上雕刻的器物皆是宫廷珍玩的如实写照，兼以体量硕大，更显宫廷风范。

清　紫檀雕花架格

长 128 厘米　宽 47 厘米　高 212 厘米
故宫博物院藏

架格为紫檀木材质，上面三层皆安装雕花边框白色纱罩，纱罩之下平列安装抽屉三具。屉脸满雕牡丹花纹，屉内髹黑退光漆。屉下对开双门，中置立栓，门心板亦满雕牡丹花纹。架格边框包角、合页、吊牌、面叶及足套等处铜活皆錾梅花纹，纱罩之内及门内皆髹浅蓝色漆。

架格体量颇大，选料精良，雕工上佳，于细节处亦毫不松懈，是清代硬木家具的精品之作。

清　黑漆描金架及局部

长 96 厘米　宽 32 厘米　高 192 厘米
故宫博物院藏

此架通体髹黑漆，柜顶齐头立方式，以下共分五层，皆三面开敞，每层背板描金漆花卉纹。四腿及层板侧缘亦用描金漆手法装饰卷草花纹，看面边框沿边起金漆阳线。足间装描金漆花卉牙子，四足原应装铜套。

清 紫檀木镶玻璃小格

长 84 厘米 宽 25 厘米 高 95 厘米
故宫博物院藏

小格为紫檀木材质，齐头立方式，柜顶、两侧立墙及后背皆为黑漆心，正面柜门、抽屉脸皆为如意绦式圈口，柜门在圈口后镶玻璃，有镀金蝉纹拉手。

此格用料并不丰厚，仅以紫檀做出框架，辅以漆饰板心，看面雕饰简素清雅，铜活小巧精致。玻璃的使用在当时乃是奢侈之选，即如宫廷，每用时必得请旨而后行。不以崇雕峻刻为尚，但细节处毫不放松，亦是宫廷家具的另一种典型风格。

清　红木药箱

长 44 厘米　宽 27 厘米　高 46 厘米
故宫博物院藏

药箱为红木材质，插盖立方式，四角包铜叶。箱顶装铜质如意头式双提环。箱盖落膛踩鼓，下边出双榫，可与箱体底边上的卯眼扣合。箱内有两列共十二具樟木抽屉，带铜质吊牌、面叶，屉里糊黄绢。其中每列最上部抽屉较高，十二具抽屉的屉脸尚留有纸签墨书药名，可知用途。

此箱设计紧凑实用，装饰朴素无华。

清代宫廷家具除去种类丰富、材质珍贵、装饰多样外，更加有价值的地方在于可证可考，其中造办处《活计档》是清代宫廷家具研究的一个宝库，举凡设计、选材、装饰、陈设，乃至物料与工价，皆有明文记载，可资查证。尽管如此，更多的档案由于缺乏画样、小样等当时的图稿、模型留存，因此传世的家具文物就成为最重要的参照。即便如此，考证比对仍需花费大量心力，务须对所有材料细心梳理，才能对清代宫廷家具的基本面貌有全面的认识。由是观之，《故宫博物院藏明清家具全集》的出版对古典家具，特别是清代宫廷家具的研究确实具有极其重要的意义。（芮谦、黄剑、宋永吉）

图书在版编目（CIP）数据

天子的家具/ 程子衿主编. - 北京 :故宫出版社，2016.8（2018.6重印）
（紫禁城悦读）
ISBN 978-7-5134-0893-6

Ⅰ. ①天… Ⅱ. ①程… Ⅲ. ①宫廷 - 家具 - 介绍 - 中国 - 明清时代 Ⅳ. ①TS666.204.8

中国版本图书馆CIP数据核字（2016）第180080号

紫禁城悦读 · 天子的家具

程子衿◎主编

出 版 人：王亚民
责任编辑：周利楠　宋　文
装帧设计：王　梓　梅　子
出版发行：故宫出版社
地址：北京市东城区景山前街4号　邮编：100009
电话：010-85007808　010-85007816　传真：010-65129479
网址：www.culturefc.cn　邮箱：ggcb@culturefc.cn
印　　刷：北京启航东方印刷有限公司
开　　本：787毫米×1092毫米　1/36
字　　数：100千字
印　　张：5
版　　次：2016年8月第1版
2018年6月第2次印刷
印　　数：5001～11000册
书　　号：ISBN 978-7-5134-0893-6
定　　价：36.00元